マンガ 化学式に強くなる

さようなら、「モル」アレルギー

高松正勝　原作
鈴木みそ　漫画

ブルーバックス

装幀／芦澤泰偉
カバーイラスト／鈴木みそ

原作者のまえがき

化学は素材を扱う学問なので、裏方として活躍する場合が多く、表だって脚光を浴びることは少ない感じがします。しかし人類の歴史をひもとくと、石器時代→青銅器時代→鉄器時代というように、素材の開発が新しい時代を切り開いてきました。そして現代のコンピューター文明も、シリコン（ケイ素）という素材を扱う化学の進歩がもたらしたものです。つまり、化学はきわめて身近な学問なのです。

ところが化学を勉強し始めたばかりの生徒からは、「化学はむずかしい」という声をよく聞きます。そして化学で最初につまずくのが「モル」のようです。「モル」は、いったん分かってしまうときわめて簡単なのですが、なかなか概念がつかみにくいということです。「モル」は基本的には数の単位ですが、六・〇二かける一〇の二三乗個という何とも中途半端な数で、しかも想像できないような大きな数です。それが質量や体積へと変化していく……。勉強する側から見ると、理解できないうちに勝手にどんどん変わってしまう。それで、何だか変で捕らえどころのない感じを与えるのかも知れません。

たしかに、今まで勉強してきた単位は、例えば「一メートル」といえば、鉄線でも絹糸でも正に長さ一メートルだし、「一グラム」といえば鉄でも綿でも同じ質量一グラム、「一ダース」といったら、鉛筆だろうと何だろうと数が一二と、どれもきちんと決まっていて容易に理解できます。

ところが「モル」はマルチな単位で、数、体積、質量と使い分けます。一モルの数と気体の体積はある決まった値をとりますが、質量は物質によってそれぞれ異なります。これでは、初めて習ったときに面食らうのは当たり前でしょう。

ところが、いったん分かってしまうと、化学にとって「モル」ほど便利な単位はありません。化学は「モル」なしでは成り立たないのです。

そこで「モル」を理解してもらうことを中心にした、化学の入門書をつくってみました。

主人公の幸ちゃんも化学は苦手ですが、友だちの由ちゃんの、ちょっと素敵な兄貴に惹《ひ》かれて、ともかく勉強し直してみることにしました。皆さんも、幸ちゃんといっしょに兄貴の話を聞いて(読んで)みてください。

まず「原子と分子」についてです。原子や分子の数や質量について、兄貴は幸ちゃんの手を握っちゃったりして話します。

そして「周期表」が分かれば、化学式が簡単に書けるようになります。

次に原子の結びつき(結合)をお話しします。原子の姿と振る舞いから見ていけば、これも本当は分かりやすい話なのです。これで物質の性質が理解しやすくなります。

そして本命の「モル」です。なぜ六・〇二かける一〇の二三乗なのか。兄貴はプールでその話をしたのですが、それにはちゃんと訳があるのです。

ここまで読み進めば、自然に「モル」を理解し、化学の基本的な法則・考え方を身につけられるはずです。さらに、実験例を見ながら、代表的な物質の化学式、性質、反応を知り、化学反応式を書き、それを使って計算ができるようになるでしょう。

この漫画を読んで「化学って案外やさしいんだ。もしかして、化学って面白いかも」と思ってくれる人が出てくればうれしい限りです。

折しも、二〇世紀最後のノーベル化学賞を、日本の白川英樹博士が受賞しました。白川博士はポリアセチレンの研究から、電気を通すプラスチックの開発に成功しました。この研究成果により、新しいコンピューター通信の時代が幕を開けようとしています。

これからも化学は、私たちの夢を実現させてくれるはずです。皆さんがその一員として化学の発展に貢献してくれることを願っています。

最後に、ぽんぽんと話が飛ぶとりとめのない私の原作の意図を読みとり、楽しくまとめてくださった漫画家の鈴木みそさんと、とりまとめにご苦労をかけたブルーバックス出版部に、心から感謝いたします。

二〇〇一年六月

高松正勝

マンガ 化学式に強くなる さようなら、「モル」アレルギー　もくじ

原作者のまえがき——3
❶ つくばの人——11
❷ 原子と分子——25
❸ 原子量と分子量——40

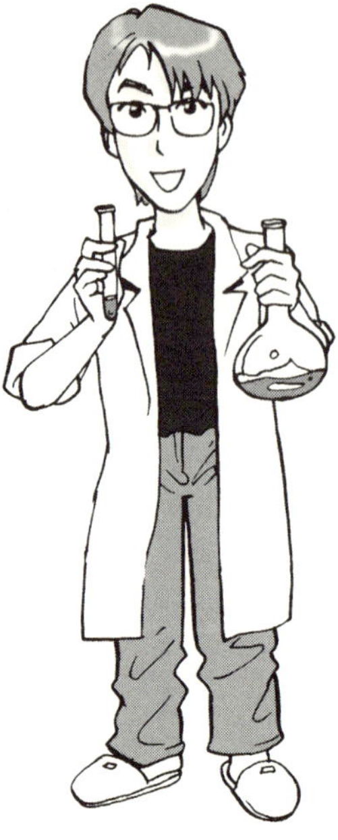

❹ 実験してみよう 50
❺ 周期表 66
❻ 原子価と電子配置 76
❼ イオン結合 96
❽ 共有結合と金属結合 113
❾ 化学反応式の作り方 125
❿ モルとは何か 149

⑪ 1モルの質量 168
⑫ 気体1モルの体積 181
⑬ アボガドロ数 202
⑭ 化学反応式の中の「モル」 216
⑮ 気体のモル応用編 227
⑯ 液体のモル応用編 240
⑰ 化学が好きになる 256

漫画家のあとがき――264
参考文献――266
さくいん――270

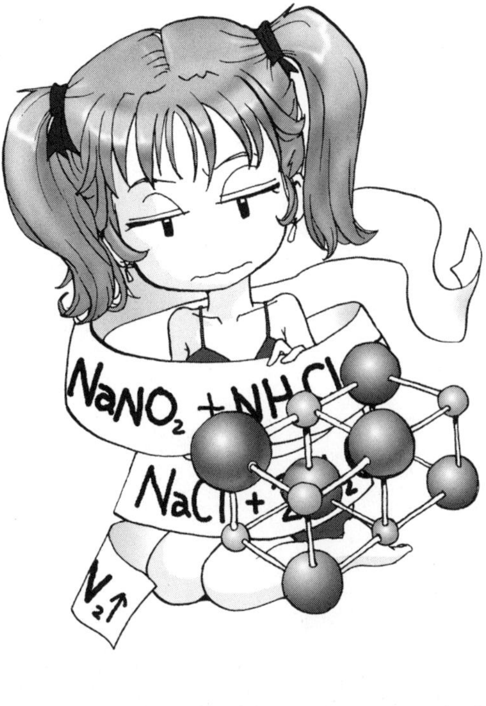

❶　つくばの人
つまりぃ1モルの亜硝酸《あしょうさん》ナトリウムとぉ
1モルの塩化アンモニウムからだにぃ1モルの窒素が出るわけであるからしてぇ

ああああああ
苦痛～
なんで化学なんて高校生がやるんだろ
なにが水兵リーベだ
なにがストロンチウムだ爆弾でも作れっちうんか
化学《バケガク》なんか花火みたいにパッとなくなりゃいいのに
ミーン
ミーン

嘆いても物質は消えない
そら厳しい真理やねー
うちの兄貴理系の大学出て今はつくばで研究者してるのね
個人レッスンしてもらうのはどう?
個人レッスン!
教え方うまいしぃ頭もすっごくいいよ でもちょっとだけ問題ありだけど
問題?

ぶさいくなのか！
決めつけんなよっ
わかっちゃったわかっちゃったアニメマニアで小太りで鼻の頭なんか脂ギトギトでオッサンメガネで対人恐怖症で屁理屈《へりくつ》こねまくるんでしょ
キミキミ脂ギトギトというのは正しくない一モルの不飽和脂肪酸がナトリウムの炎色反応でイオンなんだよ
なに言ってんのかわかんねータイプ
あのね……ヒトの兄貴を……

少し変わりモンかもしれないけどそんなにひどくないってば
ふーん
ただ…
つくばの人っていうかな
……
つくばの人？
研究一筋で色気がないっていうの？妹のあたしがいうのもなんだけど
ほうほう
でも本気で勉強するなら色気なんてない方がいいじゃん

その色気をちょっと教えてやって欲しいんだけど……
？
今夜兄貴と花火見る予定なんだけどいっしょに行かない？
いいね！
お試し期間というかクーリングオフ制度ありって感じ
金は取らないってば

ドーン
ドドーン
うわー もう始まっちゃった!
幸《さち》～
由《ゆう》～

どうも
由子が
お世話に
なってます
は？
これ
兄貴
ギャッ
やだ
ちょっと
何？
すてき
じゃない
のぉ〜！
見た目
はねー

あーっもう！知ってたらちゃんと顔作ってきたのにぃ〜！
眉毛《まゆげ》だって描いてないのに〜！
幸ちゃん一生の不覚！
大丈夫《だいじょうぶ》まったく気にしない人だから
あたしが気にするのよっ！
ドドーーン
ドドドーン

わー新型だ〜
きれーい
なんであんな赤が出るのかなーお兄さん知ってる？
あっバカ幸なにを聞く！
ふむ……赤は硝酸ストロンチウム$Sr(NO_3)_2$や炭酸ストロンチウム$SrCO_3$……金属元素であるストロンチウムSrの炎色反応で色を出しているわけ
はじまったー

黄色はシュウ酸ナトリウム$Na_2C_2O_4$
青色は酢酸銅(Ⅱ)$Cu(CH_3COO)_2$や
硫酸銅(Ⅱ)$CuSO_4$
緑色は硝酸バリウム$Ba(NO_3)_2$や
炭酸バリウム$BaCO_3$
あとは発光剤として
アルミニウムAlやマグネシウムMg
の粉末や
酸化剤として塩素酸カリウム$KClO_3$
過塩素酸カリウム$KClO_4$を
入れてある
でもそれだけじゃあない
火薬を何層にも分けて重ねて次々変わっていく花火の色を出しているんだよ
すっごーい! そんな呪文《じゅもん》みたいなのスラスラ言えるなんて天才〜!
本も見ないで化学記号言ってるしぃ〜

一応
化学記号ではなく
化学式ですが……
一度覚えて
しまえば
単純なんだよ
化学式は
そうかなあ
〜

例えば
左手の
法則？
こんなんよね
万能じゃんけん
みたいな

おまえは
パーかチョキか
はっきりしろ
っての！
はははは
それは物理の
フレミングの
左手の法則ね

❶ つくばの人

イオンとか言われるともうダメで水がおいしくなる素かって感じ それは浄水器に書いてあったんだけどさ
オゾンとかラドンとか円谷《つぶらや》プロが作る怪獣？みたいな
ははははは面白いねキミは
あらま思ったよりうまくいっちゃった……
中でも「モル」が天敵なんですよもうあったま痛くなっちゃうしぃ

理解しちゃえば簡単なんだけどな
あたしってバカだから～
よかったら……教えてあげようか？
ああそれを待ってたのー
なんかあたしってじゃまもの？

❷ 原子と分子
えーと……どの辺がわからないのかな
どの辺ってどの辺かなー
あの辺この辺
理科全般ってゆーか
それ言っちゃうと終わっちゃう
?

物理は「物体」の運動を扱うもの
化学は「物質」とその変化を扱うもの
ここまではいい？
「物質」？……
「物体」？……
じゃこれはなんですか
つ…机ですわねまごうかたなき
机は「物体」
形や大きさを持っていてひとつふたつと数えられるのが「物体」

これは木でできてるよねそれが「物質」
木のように「物体」を構成している成分が「物質」
机をバラバラにすると「机」じゃなくなっちゃうけど
机を作ってる「木」はどんなに小さな破片にしても「木」だよね
じゃナベは「物体」で
アルミニウムという「物質」でできているってこと？
ご名答《めいとう》！
やだ～ピンポーンって言って～

＊融点：固体から液体に変化する温度。
沸点：液体が沸騰して気体に変化する温度。

＊ 1013hPa=1.013×10^5Pa=1atm(気圧)

＊どういう物質であるかを特定すること。

＊物質をつくっている基本的成分。

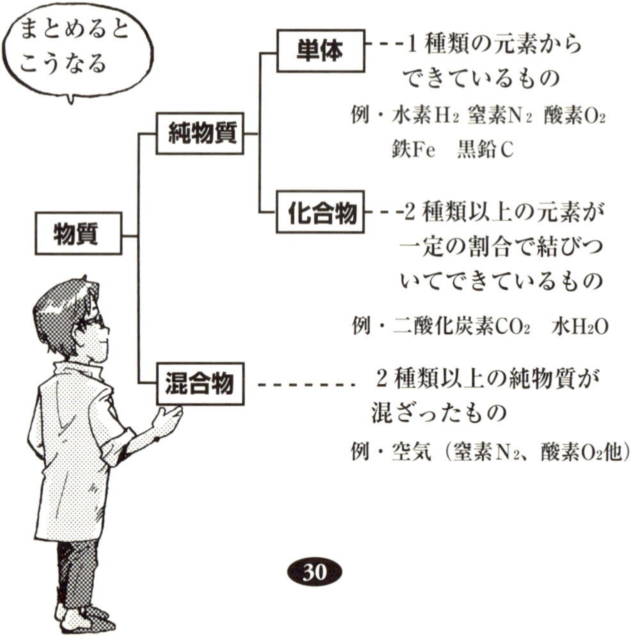

ここまではオーケー？
ひと息つきまーす
あたしあれが苦手で……
ローマ字の計算
ローマ字？
ああ化学式か
なんで水はH_2Oなのよ！

H₂Oだろうが HOだろうが 飲めれば水
六甲のおいしい水 もエビアンも水 それでよくは ないか？
よくないです 学問ですから
このホホを 流れるものは H₂O？ NaCl？
昔……って言っても 今から200年 くらい前
水は水素と酸素 という元素から できているって ことはわかってた

実験技術が向上してくると
水
水素
酸素
水素と酸素がいつも同じ割合で入っていることがわかってきた
質量の比が*必ず1対8……
他の化合物も常にある一定の比率で変わらない…
ということは……
化合物を構成する元素の質量比は産地・製法に関係なく一定である!!
——というこことをプルーストがみつけた
これかつら、かなぁ
プルースト　定比例の法則（1799年）

＊ここでは「重さ」と考えてもよい。

その後ドルトンという人が
倍数比例の法則（1803年）
2種類の元素が化合して*2種以上の化合物を作る時一方の元素の一定量と化合する他の元素の質量の比は簡単な整数比になることを発見した
なんだって？
割り切れる整数になるのが不思議ってこと
ドルトン
なぜ整数比になるんだろう
もしかして物質を細かくしていくと
無限に細かくなるのではなくて
どこかでこれ以上分割できないという限界が来るんじゃないだろうか

＊たとえば銅Cuと酸素Oの化合物には酸化銅（Ⅱ）CuOと酸化銅（Ⅰ）Cu_2Oの2種がある。

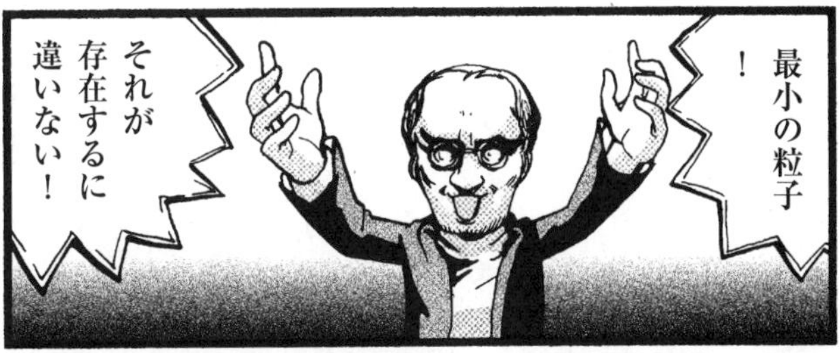

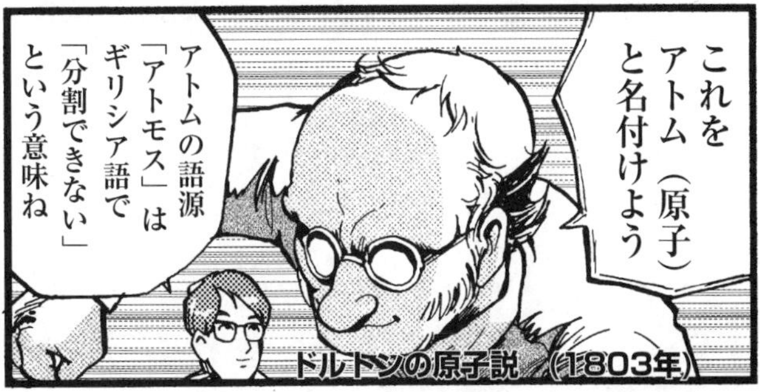

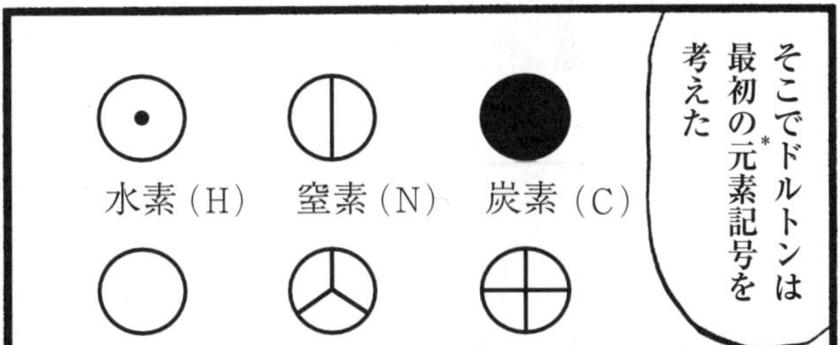

＊（ ）内は現在使われている元素記号で、ラテン語名などの頭文字の一、二字分で表す。

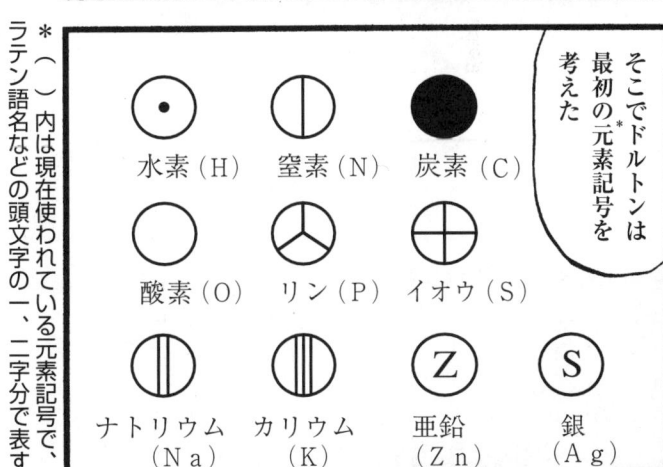

うわぁー
こっちの方がわかりやすい?
ドルトンってすっげーおでこ出てるー!
森《もり》鷗《おう》外《がい》のトンカチ頭といい勝負!
ゴホ……そのあと気体の反応で反応する気体と生成する気体の体積比が簡単な整数比になることがわかりました
ゲーリュサック
気体反応の法則(1808年)

例えば水素と酸素が反応して水（水蒸気）ができる時
それぞれ2対1対2になる
水素
酸素
水
同体積中に同数の原子が含まれるとするとうまく説明できない
アボガドロが出した答えが
原子がいくつかくっついた形の「分子」というものがあるに違いない
水素は水素原子Hひとつでいるんじゃなく
H
H
H
H_2という分子で存在しているとする
H H
H H
H H

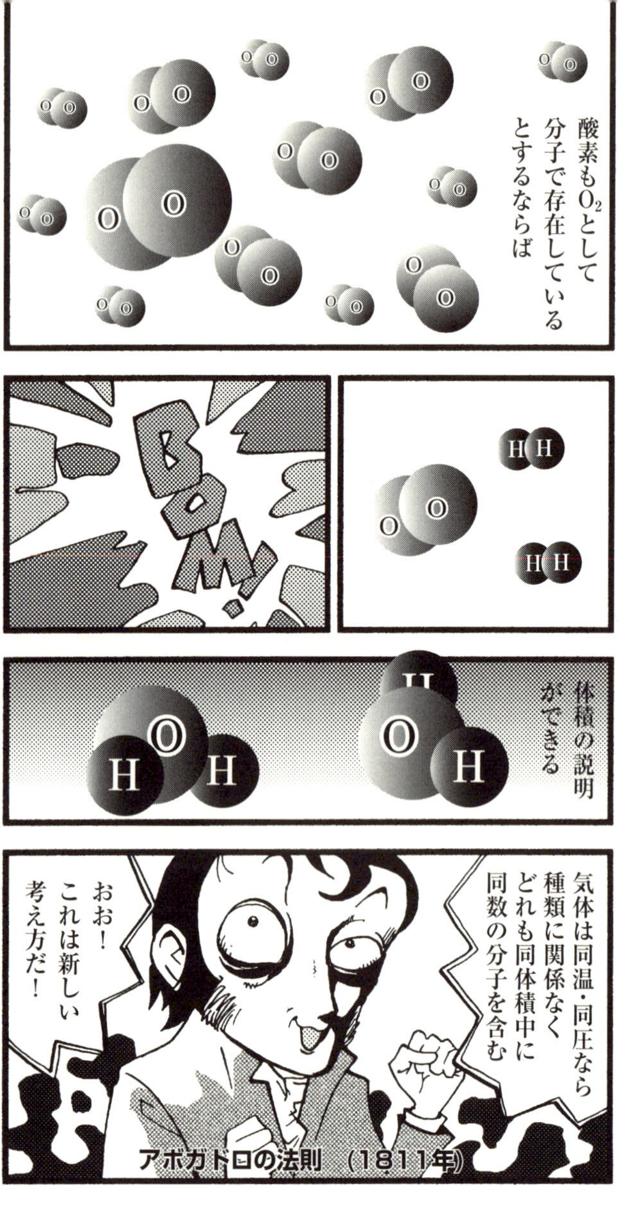

酸素もO_2として
分子で存在している
とするならば
O
H
BOMB!
体積の説明
ができる
気体は同温・同圧なら
種類に関係なく
どれも同体積中に
同数の分子を含む
おお！
これは新しい
考え方だ！
アボガドロの法則（1811年）

式にするとこうなる
2H2+O2→2H2O
2個の水素分子
1個の酸素分子
2個の水分子（水蒸気）
2体積
1体積
2体積
H
O
これが有名なアボガドロの法則
わかりました？
んー……
なんでコンチュウみたいな顔なんだろうアボガドロ
きょ…今日はこれまで……

❸ 原子量と分子量

「分子」は物質の性質を失わないで分割できる最小の粒子ということはわかったよね
うー……
ギリギリ小さい粒ってこと
そう聞くとわかる気がする

水分子は水素原子
H2個と
酸素原子O1個が
結びついている
ふむ
ふむ
この結びつきを
「化学結合」
といって
原子同士で手を
つなぐと
考えるといい
手……
ボクが酸素
だとすると
手が2本
幸ちゃんが
水素だとすると
手が1本しかない

こうして酸素の1本の手は水素と握りあって……
あっ……
やる！やるぞお兄さん
こんなにスムースに手を握る男はいなかった
？
積極的なんですね
ごごごごごめごめごめごめんごめん！

そんなに反省すること?
えーと えーと …… 手が1本のものは ……
これでいいかな
それなんですか?
フィギュア集めるの趣味なんだ
ほら関節が取り外せるから便利でしょう
人形マニア!

この1本の手を持ってるのが水素としよう
手の本数は原子によって決まってて「原子価《げんしか》」という
酸素のボクは手が2本で水素は手が1本しかない
それが手を握りあってこういう形になる
なんかうれしそうなんですけど……
酸素原子O1個と水素原子H2個が結びつく
だから水はH_2O＊なんだ
104.5°

＊1の場合は省略する。

水素と酸素が
1対8の
質量比で
結びつくのは
プルーストの
ところで
話したけど
そうだっけ
？
水素2個と
酸素1個と
すると
1個の酸素が
2個の水素の
8倍の質量っ
てことになる
はい
それでは
酸素1個は
水素1個の
何倍の質量
でしょうか
うわー
なんだこの
フィギュア
の数は
ちゃんと
聞いてる
？

あーと
えーと
……
2個で
8倍だから
……
2倍か
2分の1か
どっちかだな
きっと……
どっちだ
……？
じゅ……
16倍？
はい正解
相変わらず
カンだけは
いいなワシ
酸素原子1個は
水素原子1個の
16倍の質量を
もつんだ
この原子の
相対的な
質量を
「原子量」
という
それじゃ
水分子1個は
水素原子1個の
何倍の質量を
もつかな
ええ？

み…水分子は
水素原子の…？
原子量を全部
足してみた数
はいくつ？
ああ……
水素が2で
酸素が16……
ってことだから
18
……？
は～い
原子量の
総和
それが
「分子量」
でーす
フィギュアに
しゃべらすなよ
……
水分子1個は
水素原子1個の
18倍の質量を
持つことがわかる
よね
なんとなく

現在では厳密に言うと「質量数12」の炭素原子*の原子量を12として基準にしてるんで
一番軽い水素原子の原子量は1・0079…と端数《はすう》が出るんだけど
普段は水素原子の原子量を1として考えても問題ないんでこれで考えていこう
だったらわざわざ言うなって気がする
「質量数」ってなに?
えーとそれは原子の構造の話なんで
あとでみっちりとね

＊炭素原子には質量13のもの（同位体）もごくわずかに存在するので、周期表の原子量は平均値の12・01となっている。

1850年頃になると多くの元素が発見されて
H He Li Be B O
原子量の小さい……つまり軽いものから順に並べていったら面白いことがわかってきた
周期的に似たような性質あるいは同じ原子価を持つ元素が出てくる
例えばリチウムLi ナトリウムNa カリウムK
これらは水と激しく反応するんだね
……
そうだ実験してみる？
実験!?
こっちの部屋に道具がそろってるんで
うわっ

④ 実験してみよう
なんかヤバイことやってない?
いやあ研究研究
これがナトリウム
ホルマリン漬け!

ホルマリンじゃなくて石油だよ
空気中の水分や酸素と反応しちゃうから
ふつー持ってるんですか？ナトリウム
ちょっと切ってみるよ
バターみたいに切れる！
表面は白っぽいけど切り口はピンクでしょ
金属みたいな感じぃ
いや……金属なんですって……

これを水の中に入れてみる
しゅううううううう
動き回ってる！
水より軽いから
シュワワワワ
おお！
ボッ

黄色い火が出たぁ
これが花火の黄色だね
今度は気体を集めるよ
水を入れた試験管にナトリウムを入れて
「上方置換」という方法で集める
シューシュー
ちかんね……
そう置換
……
……
↓つくばの人
空気より軽い気体だから上方置換
さてこれはなんでしょう

ポン
ジュッ
あちちっ
ほら試験管の
内側が
曇ってるでしょ
これは水が
できたんだ
空気より
軽くて
燃える気体
……
水素
かな
それしか
知らない
あたり

これを式に書くとこういう反応
$2Na+2H_2O \rightarrow 2NaOH+H_2$
ナトリウムと水が　水酸化ナトリウムと水素になる
$2H_2+O_2 \rightarrow 2H_2O$
水素と酸素が　反応して水になる
次にカリウムやってみようか
これはちょっと面白いかもしんない
ス
粘土みたいにやわらかい切り口の青い金属色もきれい
水に入れるからちょっとさがって

きれいな紫色
あ 近づかないで！
ひゃっ
カリウムはナトリウムより反応が激しいんだよ

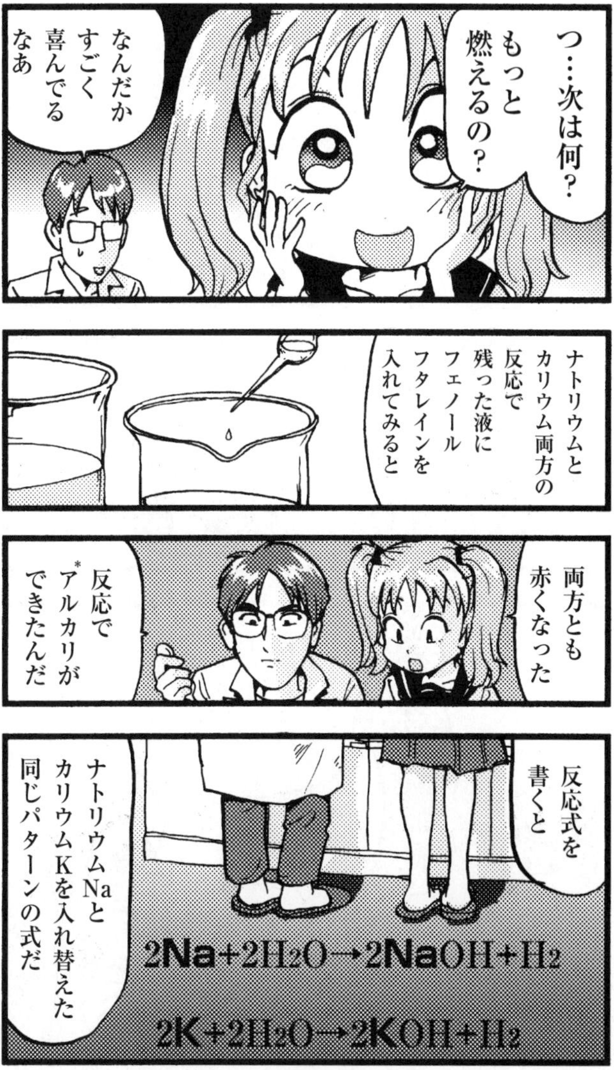
つ…次は何？
もっと燃えるの？
なんだかすごく喜んでるなあ
ナトリウムとカリウム両方の反応で残った液にフェノールフタレインを入れてみると
両方とも赤くなった
反応で＊アルカリができたんだ
反応式を書くと
ナトリウムNaとカリウムKを入れ替えた同じパターンの式だ
$2Na+2H_2O \rightarrow 2NaOH+H_2$
$2K+2H_2O \rightarrow 2KOH+H_2$

＊水に溶けOH^-を出す化合物。

ナトリウムとカリウムだけじゃなくリチウムLiやルビジウムRbも性質がよく似てるんだ
これらの金属は水と反応してアルカリを作るので「アルカリ金属」という
それは全部水に入れると燃えるの？
燃えるのもあるよ
ルビジウム燃やして〜！
きっとルビーのような赤い色よね
あ……本当にルビー色なんだけど……
危ないし普通は実験室にもないよ

じゃ他の実験を
よしこい！実験好き

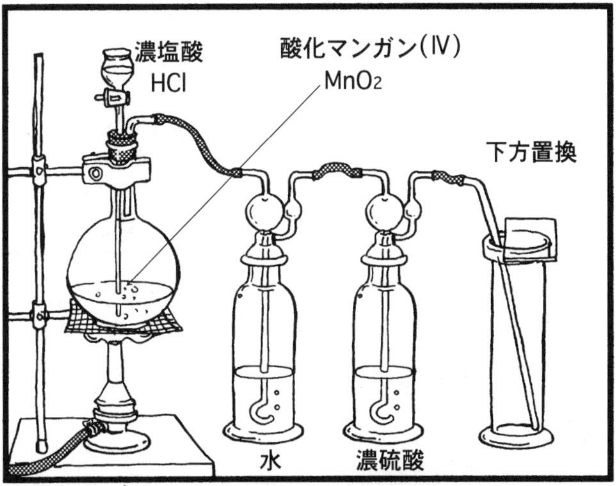
濃塩酸
HCl
酸化マンガン(Ⅳ)
MnO_2
下方置換
水
濃硫酸

りゅ…硫酸《りゅうさん》まで持ってるぅ
この濃硫酸は水分を取って気体を乾燥させるためのもの

酸化マンガン(Ⅳ)に濃塩酸を加えて加熱してみるよ
あ…あの……言っておくけど燃えません
燃えないのぉ～?
やっぱり期待していたか……
今度はハロゲン族の実験だから……
あっ気体が出てきた

黄緑の煙が出てきた
空気より重いから下方置換でとるよ
わっくさっ
この臭いは水道……プール？
そう塩素Cl_2

$4HCl+MnO_2 \rightarrow MnCl_2+2H_2O+Cl_2$
塩酸 + 酸化マンガン(Ⅳ) → 塩化マンガン(Ⅱ) + 水 + 塩素
とこう書くわけ
次は臭素Br_2をやってみる?臭いよ
誰が臭いとわかって嗅《か》ぐか!
赤褐色の液体*でね 有毒だから漏《も》れないように普通はアンプルに入ってる
毒まで持ってる……
ヨウ素I_2になると黒紫色の固体になってるけど 分子量が大きくなると沸点・融点が上がるからで……
性質は似てる

*臭素は、常温で液体である唯一の非金属元素。

酸化力があるんで塩素は水道やプールの殺菌に使われるし
ヨウ素は消毒薬やうがい薬として使われてる
反応性に富んでいて多くの化合物と反応する
臭いくせに他人とくっつきやすいのか……
例えば銀との化合物だと……
え？シルバー？
臭いオヤジがシルバーフォックスの毛皮を着るようなもんじゃん
やだもったいなーい

オヤジにシルバーなんて似合わないのにぃ……
あー……えー……それで……
銀との化合物は感光性があって
光に当たると分解して銀を手放す
その時に像を作ることから
臭化銀《しゅうかぎん》AgBrは写真の感光材料としてフィルムなどに塗ってあるね
あら役に立ってるんだ
そうそう
水素との化合物の水溶液は強い*酸になるし
ナトリウムと化合すると

*フッ化水素HFの水溶液は例外的に弱酸。

塩《えん》になる
例えば NaCl
エヌエーシーエル……
あれ……なんだっけ？
塩《しお》……
食塩 塩化ナトリウム……
あーそーだ そーだった
そうとも言う
他にも臭化ナトリウムNaBr ヨウ化ナトリウムNaI どれも塩《えん》
これらの元素はギリシア語の塩(hálos)を作る(gennáo)の意味で*ハロゲン族と呼ばれるようになった
なるほど ハゲロンなオヤジは臭くてしょっぱい集まりってことか

＊ハロゲン族の単体、フッ素F_2、塩素Cl_2、臭素Br_2、ヨウ素I_2はみな2原子でできた分子で、有色で刺激臭がある。

⑤ 周期表

2
13
14
15
16
17
18
He
H
Li
Be
B
C
N
O
F
Na
Mg
Al
Si
P
S
K
Ca
3
4
原子価
1
2
3
4
3(5)
うわっ出たよ周期表
美しいよねえ周期表は
美しいですかぁ?
たくさんの人の努力の積み重ねで多くの物質の化学式や元素の原子量が求められて現在の化学はできてきたんだ

元素の周期表

凡例	
原子番号 / 元素記号 / 元素名 / 原子量	（各欄の記載順）
白地の欄	金属元素（典型元素）
白地の欄	金属元素（遷移元素）
網かけの欄	非金属元素
●	常温常圧で気体
★	常温常圧で液体
無印	常温常圧で固体

安定同位体のない元素については，代表的な放射性同位体の質量数を，参考値として（ ）にしめした。

	1族	2族	3族	4族	5族	6族	7族	8族	9族	10族	11族	12族	13族	14族	15族	16族	17族	18族
1	● 1 H 水素 1.008																	● 2 He ヘリウム 4.003
2	3 Li リチウム 6.941	4 Be ベリリウム 9.012											5 B ホウ素 10.81	6 C 炭素 12.01	● 7 N 窒素 14.01	● 8 O 酸素 16.00	● 9 F フッ素 19.00	● 10 Ne ネオン 20.18
3	11 Na ナトリウム 22.99	12 Mg マグネシウム 24.31											13 Al アルミニウム 26.98	14 Si ケイ素 28.09	15 P リン 30.97	16 S 硫黄 32.07	● 17 Cl 塩素 35.45	● 18 Ar アルゴン 39.95
4	19 K カリウム 39.10	20 Ca カルシウム 40.08	21 Sc スカンジウム 44.96	22 Ti チタン 47.88	23 V バナジウム 50.94	24 Cr クロム 52.00	25 Mn マンガン 54.94	26 Fe 鉄 55.85	27 Co コバルト 58.93	28 Ni ニッケル 58.69	29 Cu 銅 63.55	30 Zn 亜鉛 65.39	31 Ga ガリウム 69.72	32 Ge ゲルマニウム 72.61	33 As ヒ素 74.92	34 Se セレン 78.96	★ 35 Br 臭素 79.90	● 36 Kr クリプトン 83.80
5	37 Rb ルビジウム 85.47	38 Sr ストロンチウム 87.62	39 Y イットリウム 88.91	40 Zr ジルコニウム 91.22	41 Nb ニオブ 92.91	42 Mo モリブデン 95.94	43 Tc テクネチウム (99)	44 Ru ルテニウム 101.1	45 Rh ロジウム 102.9	46 Pd パラジウム 106.4	47 Ag 銀 107.9	48 Cd カドミウム 112.4	49 In インジウム 114.8	50 Sn スズ 118.7	51 Sb アンチモン 121.8	52 Te テルル 127.6	53 I ヨウ素 126.9	● 54 Xe キセノン 131.3
6	55 Cs セシウム 132.9	56 Ba バリウム 137.3	57〜71 ランタノイド	72 Hf ハフニウム 178.5	73 Ta タンタル 180.9	74 W タングステン 183.9	75 Re レニウム 186.2	76 Os オスミウム 190.2	77 Ir イリジウム 192.2	78 Pt 白金 195.1	79 Au 金 197.0	★ 80 Hg 水銀 200.6	81 Tl タリウム 204.4	82 Pb 鉛 207.2	83 Bi ビスマス 209.0	84 Po ポロニウム (210)	85 At アスタチン (210)	● 86 Rn ラドン (222)
7	87 Fr フランシウム (223)	88 Ra ラジウム (226)	89〜103 アクチノイド															

57 La ランタン 138.9	58 Ce セリウム 140.1	59 Pr プラセオジム 140.9	60 Nd ネオジム 144.2	61 Pm プロメチウム (145)	62 Sm サマリウム 150.4	63 Eu ユウロピウム 152.0	64 Gd ガドリニウム 157.3	65 Tb テルビウム 158.9	66 Dy ジスプロシウム 162.5	67 Ho ホルミウム 164.9	68 Er エルビウム 167.3	69 Tm ツリウム 168.9	70 Yb イッテルビウム 173.0	71 Lu ルテチウム 175.0
89 Ac アクチニウム (227)	90 Th トリウム 232.0	91 Pa プロトアクチニウム 231.0	92 U ウラン 238.0	93 Np ネプツニウム (237)	94 Pu プルトニウム (239)	95 Am アメリシウム (243)	96 Cm キュリウム (247)	97 Bk バークリウム (247)	98 Cf カリホルニウム (252)	99 Es アインスタイニウム (252)	100 Fm フェルミウム (257)	101 Md メンデレビウム (256)	102 No ノーベリウム (259)	103 Lr ローレンシウム (260)

『岩波科学百科』（岩波書店刊）より改変

メンデレーエフは当時（1869年）わかっていた60種ばかりの元素を原子量の小さい順に並べると
＊周期的に性質が似ているのが出てくることに気づいて表にまとめようとした
メンデレーエフ
それが周期表か～
ちくしょーメンデレのおかげでわからないことが増えちゃったじゃないか
いやいやメンデレーエフはうまく並べられなかったんだ
へえ

＊周期律という。

例えば52番目のテルルTeと53番目のヨウ素Iの原子量は逆転してる
しかし……ぜーんぶ覚えてるんだ……
メンデレーエフは必ずしも原子量順にはこだわらなかった
似た性質で同じ原子価の元素が縦に並ぶように表を作った
ところが化学的性質や原子価を重視すると当時知られていた元素だけでは空欄ができちゃう
B C N
Al Si
? ? As

ここにはまだみつかっていない元素があるに違いない
そうだそうだそれで決まった

アルミニウムの下は「エカアルミニウム」
アルミニウムに続く元素って意味ね
ケイ素の下には「エカケイ素」という元素が入ると予想した

さらにその性質も予言した

エカケイ素 Es

原子量	密度	色	酸化物	塩酸に対して
72	5.5g/cm³	灰色	EsO_2	侵されにくい

でも理論的な裏づけがなかったからその当時は評価されなかったんだな
あるあるあるぅ

❺ 周期表

あたしも世の中の評価低いよ
幸ちゃんもっと高い評価受けてもいいと思うの
まあそれはともかく
予言の4年後にエカアルミニウム（ガリウムGa）が15年後にエカケイ素（ゲルマニウムGe）が発見された
じゅ…15年後！
それが驚くほど予言と一致したから化学者たちも評価するようになったんだ
15年後……
そんな後になったらオバさんじゃん！
遅い遅すぎるぞ世間！

当時はまだヘリウムHe ネオンNe アルゴンAr クリプトンKr などの希ガスは発見されてなかったので18族も周期表になかったんだけどね
現代の周期表はこんなふうに徐々に完成されてきたわけ
水素原子を1として順番に並べたときの番号を「原子番号」とした
！
あー！原子番号順に並べただけだったのか水兵リーベ！
リーベってなんのことかと思ってたー
えーと……リーベはドイツ語で愛するって意味だけど……まいっか
そして似た性質のもの（族）を縦に並べると周期表が完成する横の列を周期という

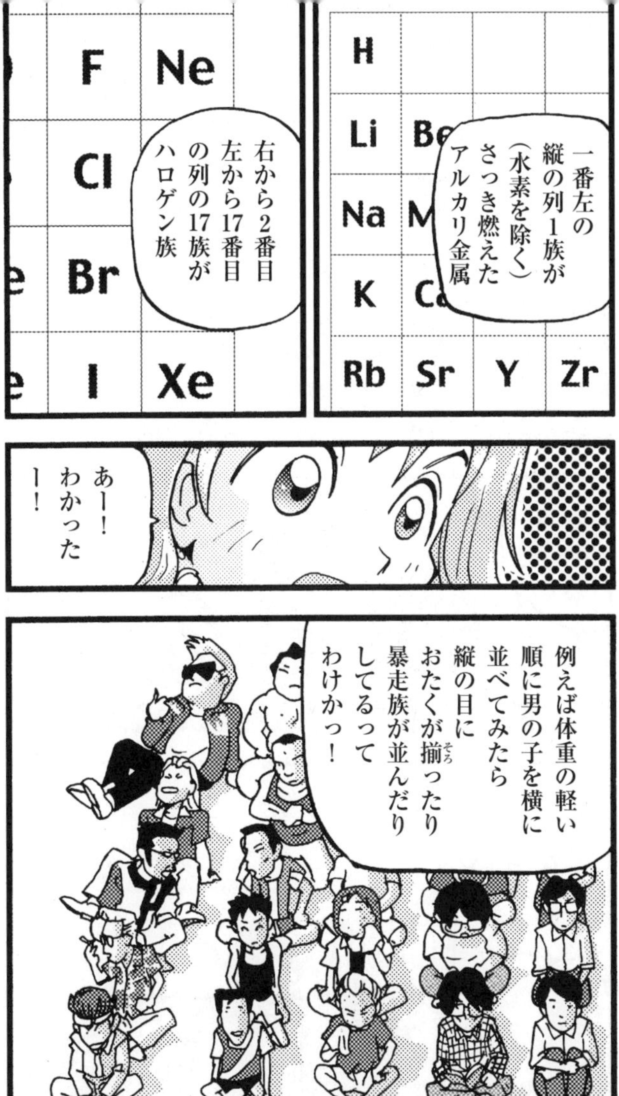
H
Li
Na
K
Rb
Sr
Y
Zr
一番左の
縦の列1族が
(水素を除く)
さっき燃えた
アルカリ金属
F
Ne
Cl
Br
I
Xe
右から2番目
左から17番目
の列の17族が
ハロゲン族
あーー!
わかった
ーー!
例えば体重の軽い
順に男の子を横に
並べてみたら
縦の目に
おたくが揃《そろ》ったり
暴走族が並んだり
してるって
わけかっ!
暴走族
スポーツマン
アブラ性
おたく
優等生

あー
その認識は
すごく正しい
わーかっちゃった
わーかっちゃった
うひひひひ
でもなんで
性質の似たものが
周期的に出てくるの？
偶然？
いい
質問だね
それは原子の構造
を考えるとわかって
くるんだけど
今日は
この辺に
しとこう
あっもう
こんな時間
かー

❺ 周期表

周期表はものすごく量が多いけどよく使うのは原子番号20までだからこれを覚えるといいよ
うえ～覚えるのぉ～？

族＼周期	1	2	13	14	15	16	17	18
1	H 水素							He ヘリウム
2	Li リチウム	Be ベリリウム	B ホウ素	C 炭素	N 窒素	O 酸素	F フッ素	Ne ネオン
3	Na ナトリウム	Mg マグネシウム	Al アルミニウム	Si ケイ素	P リン	S 硫黄	Cl 塩素	Ar アルゴン
4	K カリウム	Ca カルシウム						
原子価	1	2	3	4	3 (5)	2 (6)	1 (7)	0

（　）内の原子価をとる場合もある

でもこれくらいならなんとかなる気がしてきた
よしよしいい感じになってきたぞ

❻ 原子価と電子配置

周期表
覚えられた？
あたしに
記憶力を
問わないで
でもなんで
こんなふうに
並んでるわけ？
や
根元的な
難しい質問
をするね
B
Al
Zn Ga
Pd Ag Cd In
Pt Au Hg Tl Pb Bi Po
自然は
こうなっていた
としか言えない
なあ
なんか
無責任

花火の色は中に入っている元素の発光で出てるって言ったの覚えてる？
お兄さんが熱く語ってた花火の話か
プリズムに太陽光を当てると7色の虹ができるけれど
太陽光には色々な波長の光があって赤は波長が長くて紫は短い
例えば……
またなんか出てくるな……
硝酸ストロンチウム水溶液をつけた白金《はっきん》線をバーナーで加熱すると
Li

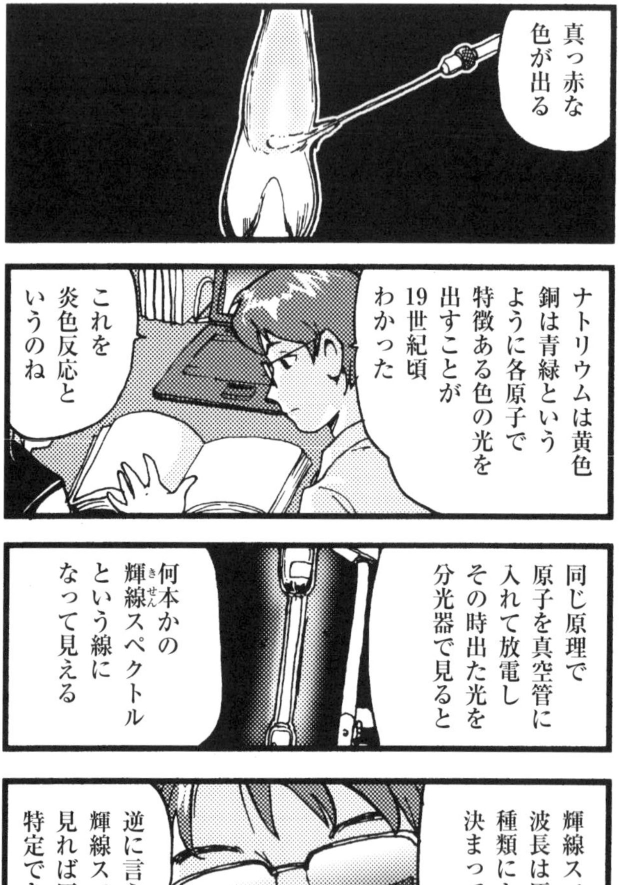

真っ赤な色が出る
ナトリウムは黄色銅は青緑というように各原子で特徴ある色の光を出すことが19世紀頃わかった
これを炎色反応というのね
同じ原理で原子を真空管に入れて放電しその時出た光を分光器で見ると
何本かの輝線《きせん》スペクトルという線になって見える
輝線スペクトルの波長は原子の種類によって決まっている
逆に言えば輝線スペクトルを見れば原子が特定できる

※水素原子の発光スペクトル

6563
4861
4340 4102
波長(×10^{-8}cm)

いわば
原子の指紋
なんだ
おっ
かっこいい
！

この発見で
ものすごい
ことが
わかった
えー？
なになに
～？

太陽光スペクトルを詳しく分析したら
なんと驚くべきことに太陽は
水素とヘリウムという軽～い物質でできていたのだ
……

それがものすごいこと？
ものすごい発見だよ～
水素がヘリウムに変わる時に莫大なエネルギーを出す
核融合が太陽のエネルギーの秘密だったんだよ
ふ～ー・・・・
幸ちゃん大丈夫？
だ…大丈夫大丈夫
一瞬でも期待した自分を反省しただけ……

じゃあ この輝線スペクトルとは何なのか
それには原子の構造がわからないといけない
原子の中心にはプラスの電荷を持つ原子核があり
その周りをマイナスの電荷を持つ電子が回っている
うん それは知ってるぞ
原子核はプラス電荷を持つ陽子と
それとほぼ同じ質量を持つけど電荷を持たない中性子から成り立っている
陽子
中性子
周期表での原子番号は陽子の数のことなんだ
₂He

陽子の数と中性子の数の合計が「質量数*」
陽子２個
＋
中性子２個
＝
質量数４
質量数
4
2
He
原子番号
＝陽子数
すると私の理想の体重が「原子番号」で贅肉《ぜいにく》の中性子を含めた体重が「質量数」ちうわけか
ははは そうそう
電子は陽子と同数あるので原子全体としては電気的に中性になってる
He
⊖電子
電子の質量は陽子・中性子の１８４０分の１しかないから原子の質量はほぼ原子核の質量と考えていいんだ
電子は重さとしてはアクセサリーみたいなもんか

*原子の質量はほぼ質量数に比例する。

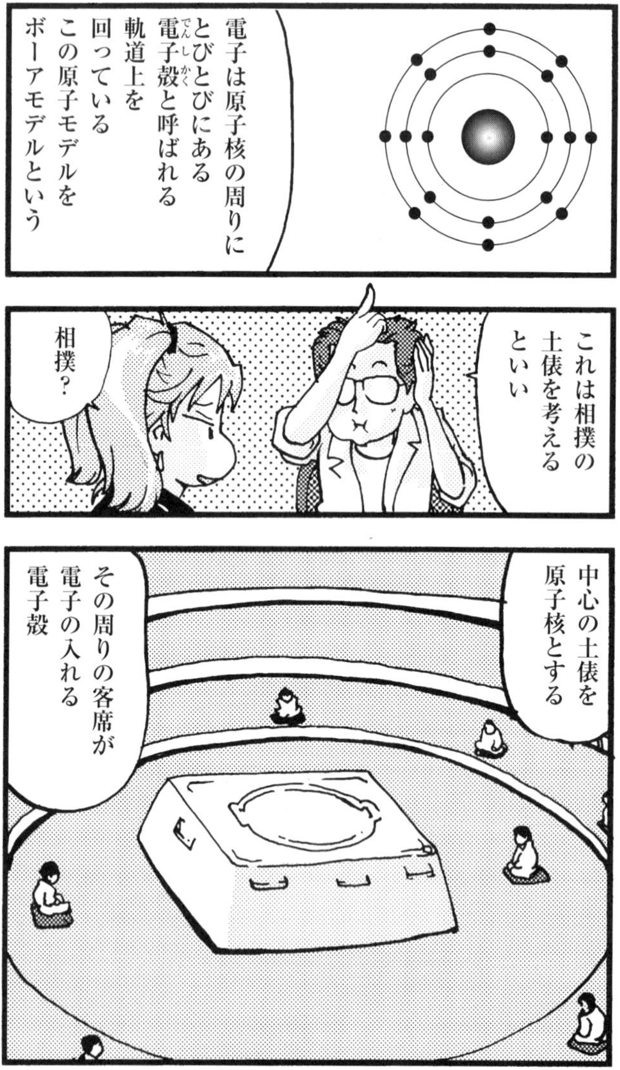
電子は原子核の周りにとびとびにある電子殻《でんしかく》と呼ばれる軌道上を回っているこの原子モデルをボーアモデルという
これは相撲の土俵を考えるといい
相撲？
中心の土俵を原子核とする
その周りの客席が電子の入れる電子殻

一番近い枡《ます》席には2人しか座れない
ここがK殻と呼ばれる電子殻
2人？もっと座れるよ～
電子の枡席は2つしか席がないの
その外側は同心円状に広がっていって2列目L殻は8つ
3列目M殻は18の席があって
4列目のN殻は32の席
n*列目には2×n^2の席がある

＊nは自然数

例えば原子番号2のヘリウム原子Heは2個の電子原子番号6の炭素原子Cは6個の電子というように原子番号（陽子数）と同じ数の電子を持ってるけど
$_6$C
$_2$He
必ず内側から埋まっていく
相撲を近くで見たいと思うように電子もエネルギーの低い内側の軌道に入ろうとするから
ちょっと外から見るのも通《つう》なのにねえ
電子に通はいません
でも電子だけに通じたりして

……
……
あー
原子を加熱すると
ですね
ムシしやがるか……
電子はエネルギーを受け取って
エネルギーの高い
外側の軌道に
跳びうつる
励起状態
エネルギー

この高いエネルギー状態を励起《れいき》状態と呼ぶんだけど大変に不安定なので
電子はエネルギーの低い内側の軌道に落ちて安定になろうとする
その時に余ったエネルギーを光として放出する
光のエネルギー
E=hν
h=プランク定数
ν(ニュー)=光の振動数
光
これがスペクトルの正体なのです
そのパターンは各原子に固有なものであってパターンを分析することで電子の並び方がわかったというわけなんだが……
ここまではよろしいですか?

そのエネルギーや振動数とかの話はとても大切な話？
んーとまあ知らなくてもいいかなぁくらいの
よしじゃあ進もう
次次！
……
……
とにかく1列目が2個2列目が8個
これだけは必ず覚える
おっしゃ
まず原子番号1水素原子
1番水素原子！

原子番号1だから
原子核には陽子が
1個あって
原子核は1+
原子は全体として
中性だから
マイナスの電荷
を持つ電子の
数も1個

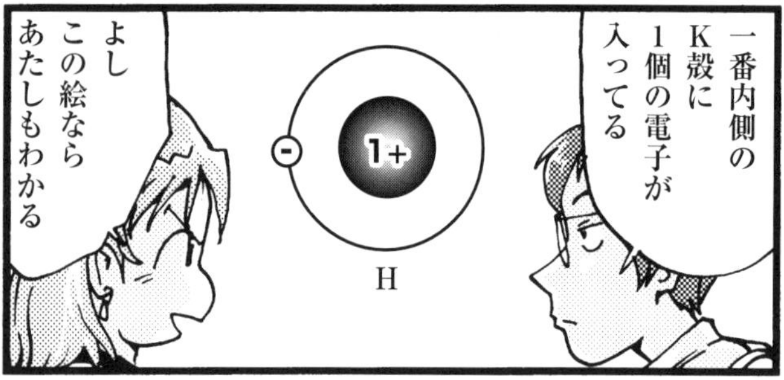
一番内側の
K殻に
1個の電子が
入ってる
1+
-
H
よし
この絵なら
あたしもわかる

原子番号2の
ヘリウムは
原子核が2+で
電子がK殻に
2個入ってる
2+
-
-
He
うん
これでK殻は
満員

3番目リチウムは電子数3個
3+
Li
K殻に2個とL殻に1個で計3個
4番目ベリリウムBe
L殻に2個!
5番目ホウ素B
6番目炭素C
7番目
……
10番目ネオンNe
2列目8個でL殻満員
カンペキです
わっはっはっ
わかったわかったぞうっ

次のナトリウムは？
Na
11+
1列2列満員で3列目に1個
3番リチウムも外側に1つ電子がある
Na
11+
Li
3+
ふんふん
リチウム ナトリウム カリウムなど 周期表1族のアルカリ金属は反応性が高い
1族
2族
3族
4族
H
Li
Be
Na
K
Ca
うん
実は一番外側*の電子の数で原子の化学的な性質が決まる
へえ！

*最外殻。

例えば18族のヘリウムHeネオンNeなどの希ガスは最外殻《さいがいかく》の電子がぴったり満員状態
Ne
He
電子配置

	K	L	M
He	2	0	
Ne	2	8	0

この形が一番安定した電子配置で
他の原子もみんなこの希ガスの電子配置になりたいと思ってる
みんな安定志向かぁ～
そこで原子価が出てくる
原子価って……なんでしたっけ……？

1族は安定した「希ガスの電子配置」より1個電子が多いこれを1本の手と考える
あーあー手の本数か
2個電子が多い2族は2本の手
3個多い13族は3本の手
14族は4本の手
15族から逆に減っていって一般的に3本の手
16族は2本の手
17族は手が1本最後の18族（希ガス）は手がなく原子*1個で存在しまた他の原子と反応せず安定
なんで減ってくの？
*単原子分子

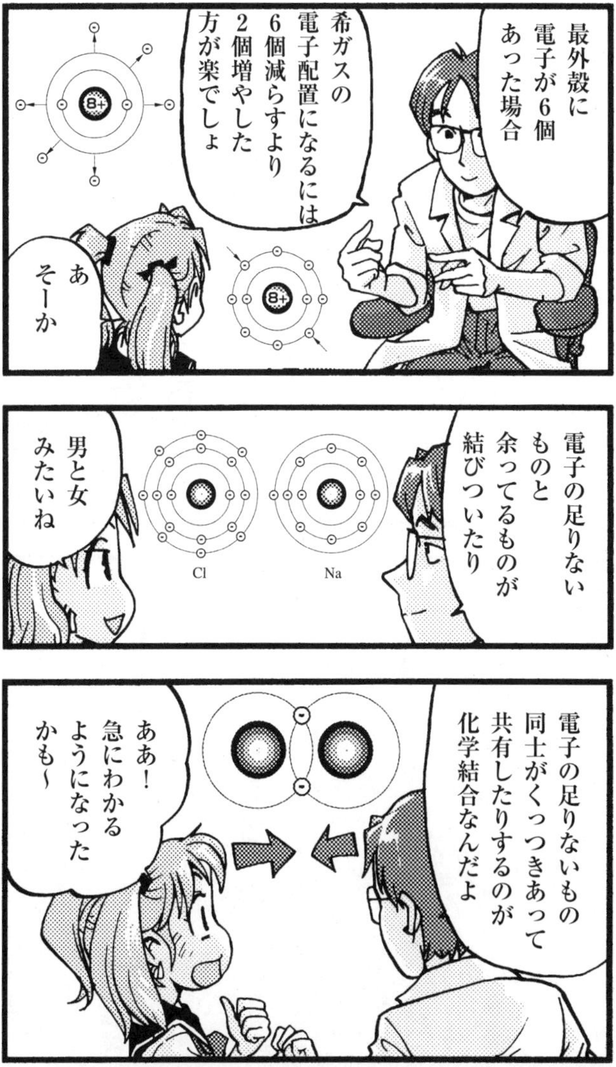
最外殻に電子が6個あった場合
希ガスの電子配置になるには6個減らすより2個増やした方が楽でしょ
8+
8+
あ そーか
電子の足りないものと余ってるものが結びついたり
Na
Cl
男と女みたいね
電子の足りないもの同士がくっつきあって共有したりするのが化学結合なんだよ
ああ! 急にわかるようになったかも～

❼ イオン結合

どう兄貴 幸とうまくいってる？
ああ 少しずつ わかってきた みたいだよ
化学なんて 基本がわかれば スラスラ進む ものだから
も…もしかして ずっとお勉強 してるの？
あの幸 が……

たまには外で勉強するのも気分転換にいいんじゃない?
ああそうかもなあ
ちっとは色の道も教えてもらいなさいって
公園
んー
空が抜けるように青いねえ

これは太陽光の中の短い波長の青い光が大気に散乱されて我々の目に入るから
ぷっ

だんだん慣れてきたあたし
うんうん波長波長

なんでもかんでも科学的にものを見ているわけですね
あーそういうわけでもないけど

自然の謎《なぞ》を解き明かすパズルっていうかな……
それが面白いんだよね
ふーん……
さて
今日はイオン結合の話から
こんな所でもイオン！

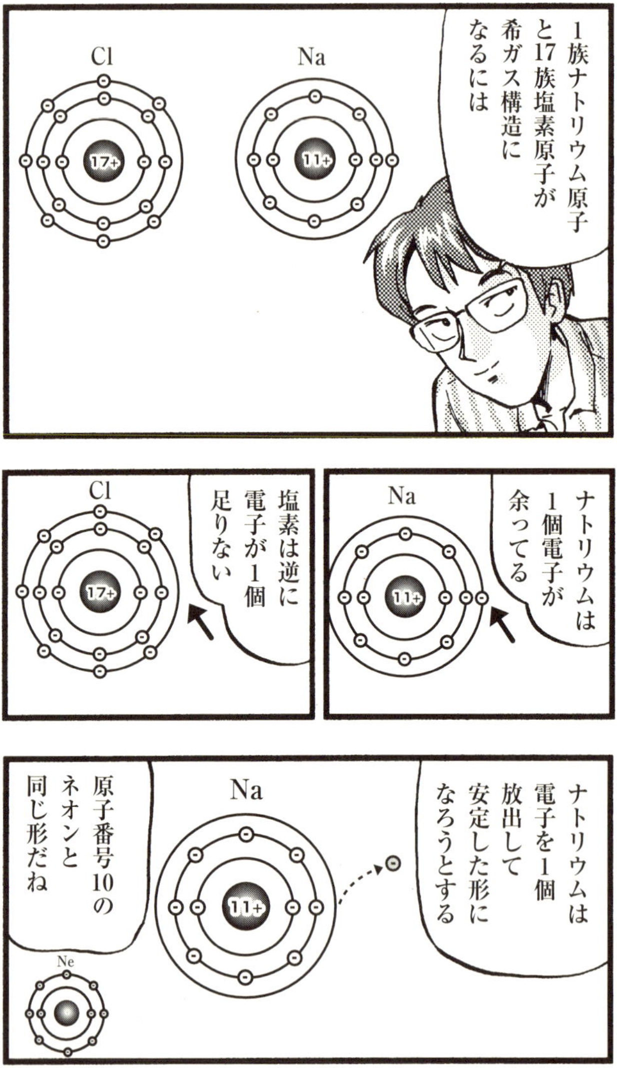
1族ナトリウム原子と17族塩素原子が希ガス構造になるには
Na
11+
Cl
17+
ナトリウムは1個電子が余ってる
Na
11+
塩素は逆に電子が1個足りない
Cl
17+
ナトリウムは電子を1個放出して安定した形になろうとする
Na
11+
原子番号10のネオンと同じ形だね
Ne

マイナスの電荷を持つ電子を1個出したナトリウムはNa^+という陽イオンになる
Na^+
11+
ぐぐぐぐイオンがわからんのー
大丈夫難しくないって
イオンは電荷を持つ原子あるいは原子団
それだけ？
それだけ！
塩素原子はナトリウムから電子を1個もらって安定する
17+
原子番号18のアルゴンArと同じ電子配置
マイナスが1個増えたのでCl^-（塩化物イオン）という陰イオンになる
Cl^-
17+

ナトリウムは出っ張りを持ってる男の子で塩素はへこんでるから女の子と思えばわかりやすいかな
Cl
Na
それはくっつきますわね
反応は激しいよ
プラスの電荷を持つナトリウムイオンとマイナスの電荷を持つ塩化物イオンは静電気の力*でお互いに近づいて
*クーロン力
……
引き合って結合する
結合……
うん
そして……

白いものができる
まあ……

塩《しお》だ
塩？塩を出してどうすんのよ
ああもう！ムードもへったくれも！

実は食塩の結晶は1個のNa^+と1個のCl^-が結びついているんじゃなくて
Na^+
Cl^-
1個のNa^+は6個のCl^-に囲まれている
え？
見方を変えると1個のCl^-は6個のNa^+に囲まれてる
えええ？
立体的なグループ交際とでも言いましょうか
ひゃ〜グループ交際〜！

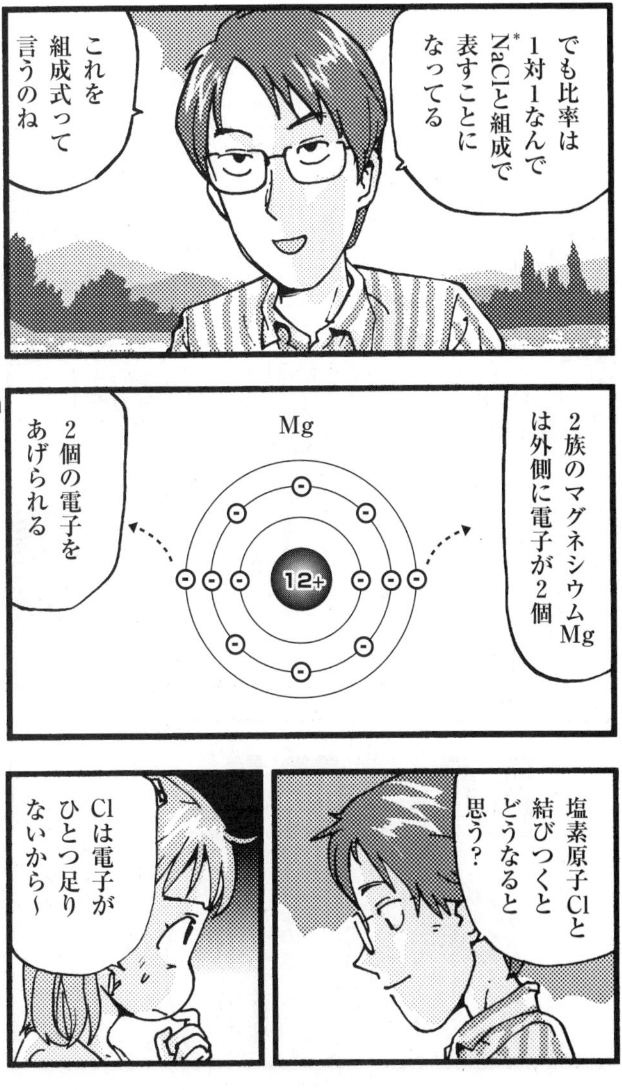
でも比率は1対1なんで*NaClと組成で表すことになってる
これを組成式って言うのね
2族のマグネシウムMgは外側に電子が2個
Mg
12+
2個の電子をあげられる
塩素原子Clと結びつくとどうなると思う?
Clは電子がひとつ足りないから〜

＊化学式を考えるときは、原子価1のNaと原子価1のClだからNaClになると考えるとよい。

男ひとりに
女ふたりの
二股《ふたまた》かな？
大当たり
！
2本の手
（原子価2）
1本の手
（原子価1）
1本の手
（原子価1）
電気的に
中性になろうと
するんだ

塩化マグネシウムは
塩化物イオンCl^-が
2個
MgCl2
これも組成式
ここの2は
そういう意味
なのさ

16族の原子
酸素Oや硫黄S
などは2個
電子が
足りない
O
原子価2で
2本の手だね
マグネシウムMg
も2本の手
だから
Mg
原子1つずつ
がピッタリ
くっつく
酸化マグネシウム
MgO
これって
OMgじゃ
だめなの？
化学式は原則として
陽性*（プラス）
元素を左に
陰性（マイナス）
元素を右に書く

＊一般に周期表の左の方にある。

読み方はHClが「塩化水素」
NaClが「塩化ナトリウム」
後ろについてる陰性元素の名前の「塩素」の「素」を取って
代りに「～化」とつけて後ろから前に読む
では H_2Oは なんと読む
えっと 酸素は「酸化」だから……
酸化水素 ……?
水でした
うそつき じゃん
あははは この場合は 慣れてる「水」を使うんだ

ではここで問題 原子番号3のリチウムLiと原子番号4のベリリウムBeではどちらが電子1個を取り出しやすいでしょうか
4+
3+
Be
Li
ちなみにこのとき必要なエネルギーを「第1イオン化エネルギー」という
またそんなむずかしいことを言う
えーとね……そりゃ多い方が出しやすいだろ
ベリリウム!!
違うよ原子核のプラス電荷が大きいベリリウムの方が電子を引きつける力も大きくなる
だからリチウムの方が電子を取り出しやすいんだよ

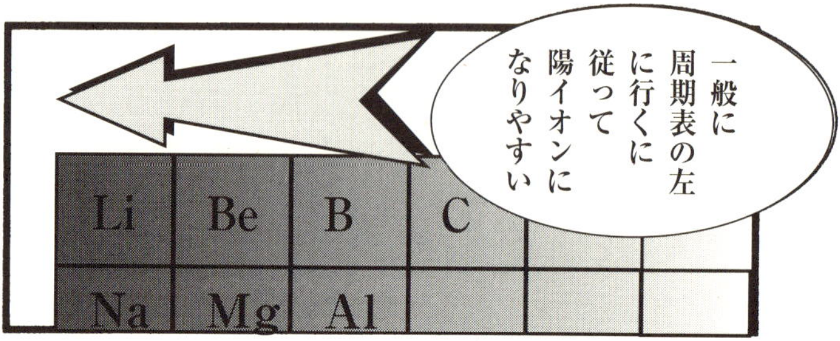
一般に周期表の左に行くに従って陽イオンになりやすい
Li
Be
B
C
Na
Mg
Al

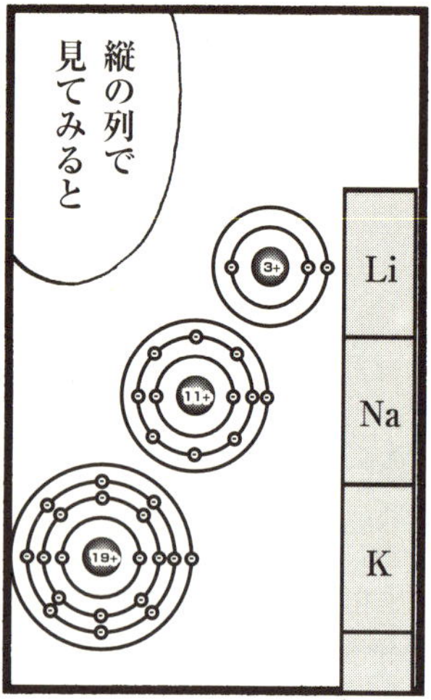
縦の列で見てみると
Li
Na
K
3+
11+
19+

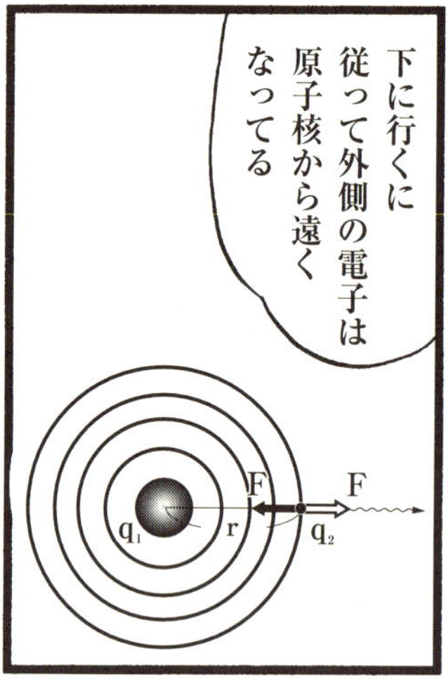
下に行くに従って外側の電子は原子核から遠くなってる
F
F
q1
r
q2

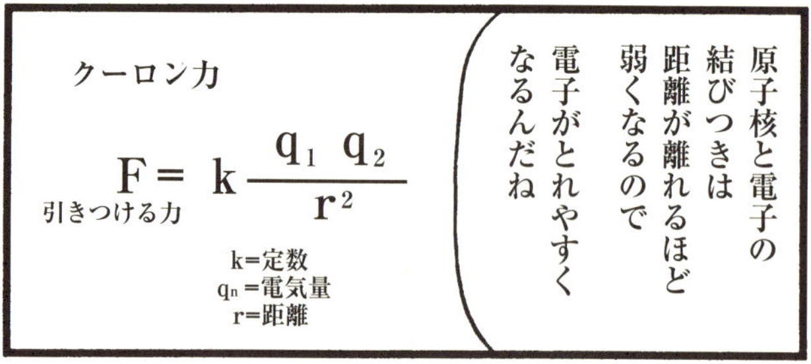
原子核と電子の結びつきは距離が離れるほど弱くなるので電子がとれやすくなるんだね
クーロン力
F= k q1 q2 / r2
引きつける力
k=定数
qn =電気量
r=距離

つまり周期表の左に行くほど下に行くほど陽イオンになりやすいってわけ
陽性元素
だからアルカリ金属の反応の激しさはK>Na>Liの順だったのさ
陰*イオンはその逆で右へ行くほど上に行くほどなりやすい
陰性元素（17族）
*18族は除く
だから周期表の右の方の元素と左の方の元素がイオン結合で結びつきやすい
食塩NaClとか酸化カルシウムCaOとかたくさんあるね

イオン結合は
こんなとこかな
イオン結合できた結晶は一般的に融点が高く固くてもろい 水に溶けやすいものが多く 水に溶けると電気を導く性質を持つ というのを覚えておこう
もすこし違う方向も導いてほしいもんだわ

❽ 共有結合と金属結合

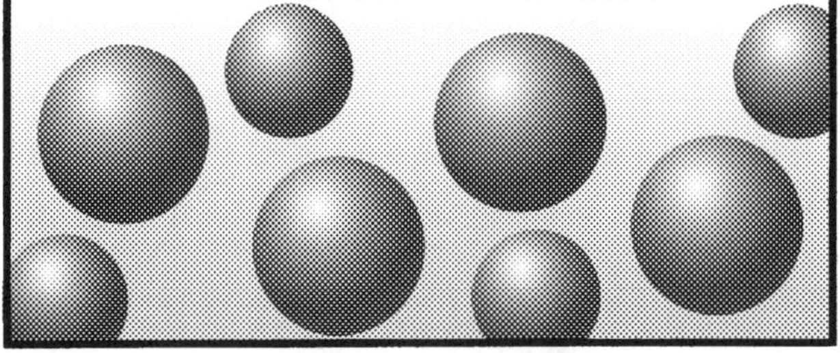

次は共有結合
共有結合……
水素分子H_2は水素原子Hが2個くっついてることは知ってるよね
そうなってるらしいね
同じ原子同士では片方が電子を出してもう一方がもらうというわけにはいかない

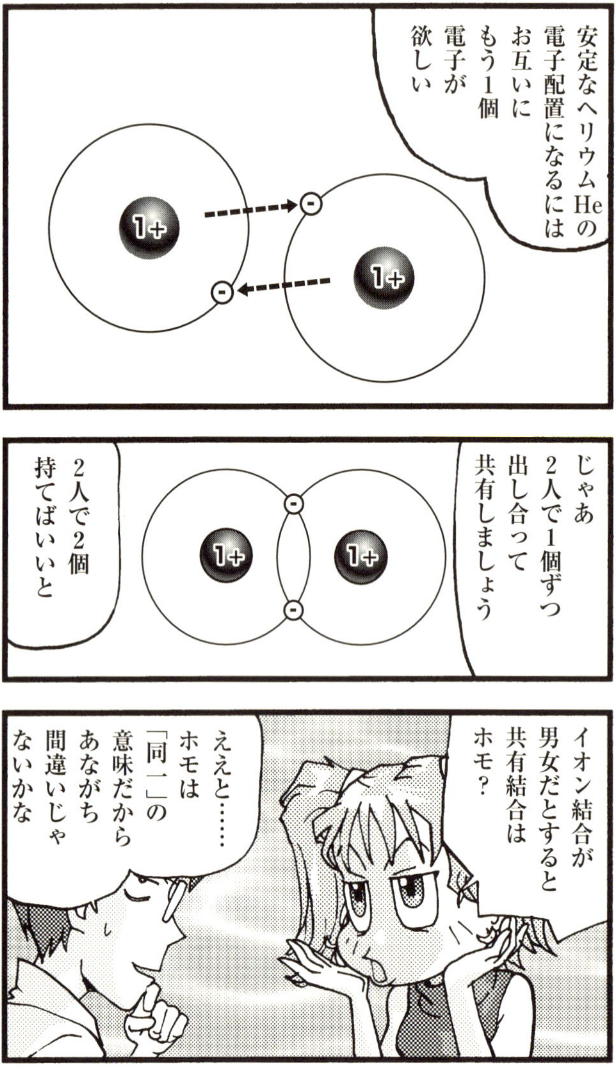

安定なヘリウムHeの電子配置になるにはお互いにもう1個電子が欲しい
1+
1+
じゃあ2人で1個ずつ出し合って共有しましょう
2人で2個持てばいいと
1+
1+
イオン結合が男女だとすると共有結合はホモ？
ええと……ホモは「同一」の意味だからあながち間違いじゃないかな

おお水素よ！
おお麗《うるわ》しき水素よ！
ガシーン
うわぁ濃そうな関係！
共有結合は一度結びつくと非常に強いいんだよね

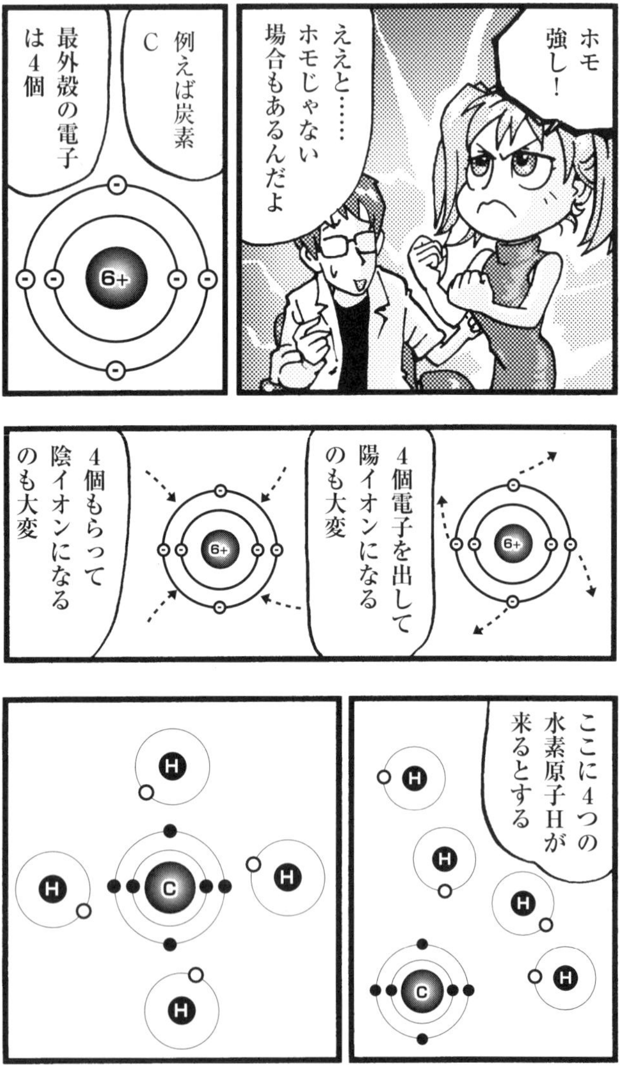
ホモ強し！
ええと……ホモじゃない場合もあるんだよ
例えば炭素C
最外殻の電子は4個
6+
4個電子を出して陽イオンになるのも大変
6+
4個もらって陰イオンになるのも大変
6+
ここに4つの水素原子Hが来るとする
H
H
H
H
C
H
H
C
H
H

※炭素のK殻は反応に関係しないので省略。

ガッシーン
H
H
C
H
H
炭素原子は共有によって最外殻の電子が8個でネオンNeと同じ電子配置になり安定
水素原子は共有によりヘリウムHeと同じ電子配置になり安定
めでたくメタンCH_4分子のできあがり
炭素の4本の手がそれぞれ水素1本の手と結びついたわけ
H
H
C
H

都市ガスに使われてるのがコレ
本来は無色無臭の気体だけど漏れていても気づかず危険なので臭いを添加してる
マイナス162℃以下で液体になりマイナス183℃に冷やすと固体になる
ふーん
固体では多くの分子が＊弱い分子間力で結びついて分子結晶を作るんだけど
弱い力なので切れやすい
だから分子結晶は融点・沸点が低く柔らかくてもろいという特性を持つわけ

＊ファンデルワールス力《りょく》

いくつかの原子が共有結合で結ばれてできた分子は家族みたいだ
分子結晶はそれが集まってできてる街
家族は強い結びつきでなかなか離れないけど
街は引っ越しでバラバラになったりする弱い共同体でしょ
隣のうるさいおばさんは都市ガスに入ってる臭いみたいなもんか？
わからなくなるから変なたとえ出さない
ドライアイスは二酸化炭素の分子結晶だよ分子間力が弱いからいつの間にかバラバラに離れて*気体になる

*このように固体から直接気体になることを昇華《しょうか》という。

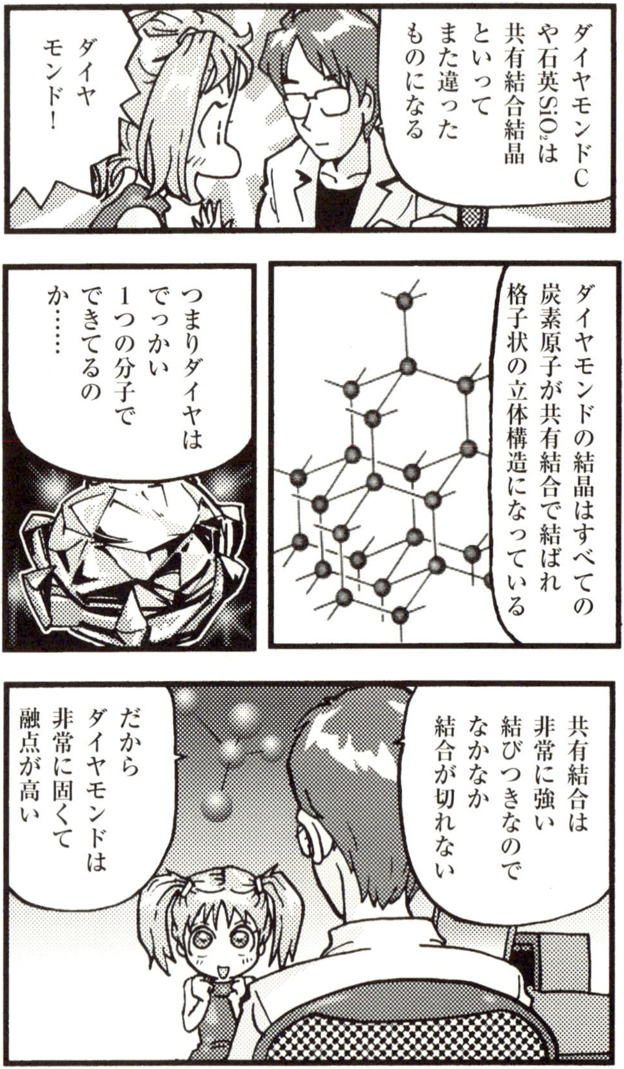

ダイヤモンドCや石英SiO_2は共有結合結晶といってまた違ったものになる
ダイヤモンド！
ダイヤモンドの結晶はすべての炭素原子が共有結合で結ばれ格子状の立体構造になっている
つまりダイヤはでっかい1つの分子でできてるのか……
共有結合は非常に強い結びつきなのでなかなか結合が切れない
だからダイヤモンドは非常に固くて融点が高い

ああ！ダイヤモンドは永遠の輝き
給料の3ヵ月分

永遠でもないよ 800℃に加熱すると燃えて二酸化炭素CO_2になるから
元は炭といっしょだし
↑つくばの人

そしてもう一つ金属結合というのがある
ま…まだあんの？
金属原子は陽イオンになりやすいのはわかってるよね
わ…わかってるんでしょうか
周期表の左下の方を見て
なるほど金属が
みんな余分な電子を出して陽イオンになりたいと思ってる
ふんふん

でも金属同士では電子を引きつける力が同じなので貸し借りができない
そこでみーんな陽イオンになり整列してくっつきあって余った価電子*を全員で共有する方式をとってる
この電子は1つの原子に所属しないで結晶内を自由に動き回っているので自由電子と言う
金属は自由電子を持つので電気を通したり熱を伝えやすい性質*を持つんだ

＊最も外側の電子殻に入る電子

＊金属は、他に延性（針金のようにのびる性質）展性（アルミ箔のように広がる性質）も持つ。

つうことははみだした末っ子を集めた保育園を親が運営しているようなもんか
子供たちが走り回っててどの子も区別つかない状態だね
ひどい親だな金属は
ちゃんと責任取ってるからいいんじゃないかなあ
以上で結合と結晶――イオン結合によるイオン結晶共有結合による共有結合結晶分子間力による分子結晶金属結合による金属結晶について終了！
よっしゃあ～！

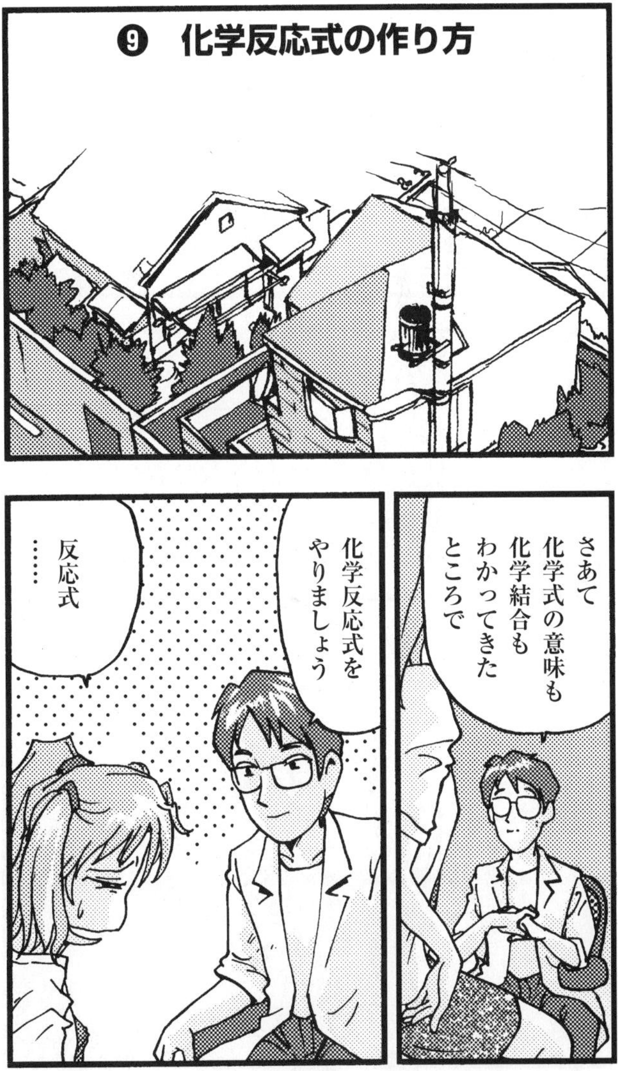
❾ 化学反応式の作り方
さあて化学式の意味も化学結合もわかってきたところで
化学反応式をやりましょう
反応式……

化学式が化学の単語だとすると化学反応式は化学の文章ということになるかな
水素と酸素が結びついて水ができる反応はこう書くよね
$2H_2 + O_2 \rightarrow 2H_2O$

この反応式の意味を言葉で表すと
水素原子2個が結びついてできている水素分子（H_2） 2個と酸素原子2個が結びついてできている酸素分子（O_2） 1個とが反応して水素原子2個と酸素原子1個が結びついてできている水分子（H_2O） 2個ができる
今日はそろそろ帰るよ
まだ来たばっかりだって

$2H_2 + O_2 \rightarrow 2H_2O$
それがこんなにすっきり簡単に表せるんだよすごいでしょう
これが苦手なのさ
ルールさえわかれば簡単だよ
これは水ができるって知ってるけどさあ他はわかんないもーん

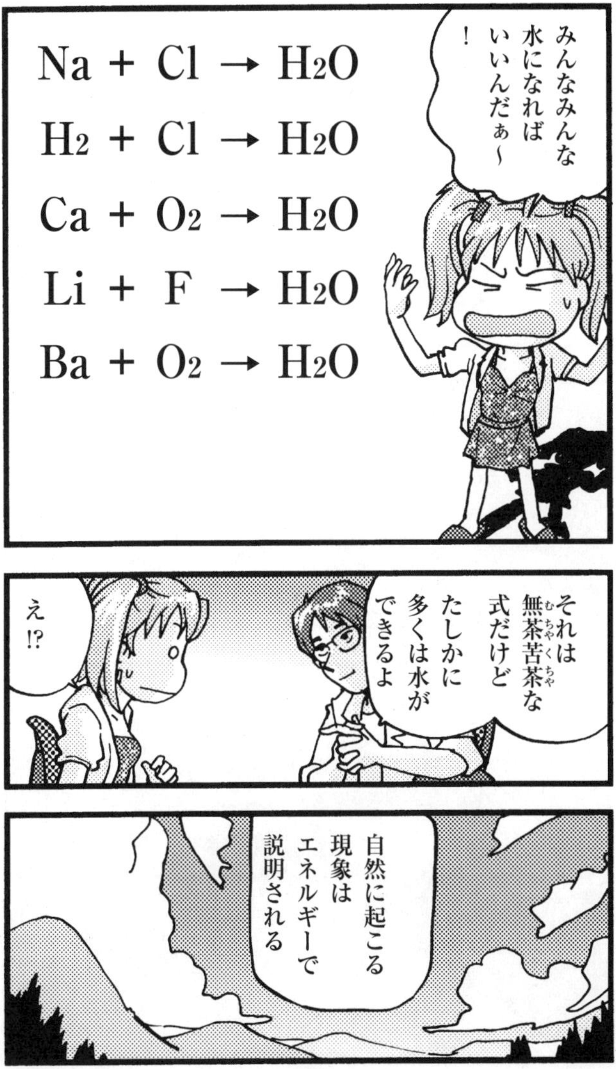
$Na + Cl \rightarrow H_2O$
$H_2 + Cl \rightarrow H_2O$
$Ca + O_2 \rightarrow H_2O$
$Li + F \rightarrow H_2O$
$Ba + O_2 \rightarrow H_2O$
みんなみんな水になればいいんだぁ～！
それは無《む》茶《ちゃ》苦《く》茶《ちゃ》な式だけどたしかに多くは水ができるよ
え!?
自然に起こる現象はエネルギーで説明される

ダムの水は
下に落ちるときに
水車を回して
電気を起こすという
仕事ができる
上にあるものは
「位置エネルギーを
持っている」と言う
上にあるものは
自然に下に
落ちるけど
下にあるものは
自然には上に
行かないよね
エネルギーの高い
状態は不安定で
エネルギーの低い
状態は安定してる
安定になろうと
する方向が
自然の流れ
なんだよ

あたしの成績が
低いままなのも
自然の流れ
だったのか

たしかに
成績が上位の
者は不安定で
何もしないと
成績が下がる
成績が下位の者は
これ以上下がり
ようがないから
安定

すばらしい!
わかってきたね
幸ちゃん!
ほめてるのか
けなしてるのか
この男は……

ともかく化学変化も基本的にはエネルギーで説明される
物質は化学反応によって安定なエネルギー状態になろうとする
だから反応が終わってできた物質はより安定な物質になるわけだ
それが水？
水や塩《えん》……他にも水素・酸素二酸化炭素などの気体ができることが多い
安定した物質はなかなか分解されないから身近にたくさんある
幸ちゃんが知ってるものも多いよ
なるほど

で……「えん」ってなに？
塩《しお》だよ 代表例は 食塩NaCl
食塩と塩酸の化学式を比べてみると
NaCl
HCl
塩酸HClの水素イオンH^+がナトリウムイオンNa^+に置きかわってるんだな
H^+を出す物質を「酸《さん》」といって
酸のH^+イオンが他の陽イオンに置きかわったものが「塩《えん》」

陽イオンの多くは金属*だからわかりやすいと思う
全然わかりやすくないと思うぞ
じゃ「石灰石」(炭酸カルシウム)$CaCO_3$に塩酸HClを加えた反応を考えてみよう
炭酸カルシウムも塩の一種で……
炭酸ガスって知ってる？
二酸化炭素CO_2でしょ
そうそう
CO_2が水に溶けているのが炭酸飲料

＊金属元素は周期表の左の方にある。

$CO_2 + H_2O \rightarrow H_2CO_3$
二酸化炭素
水
炭酸
炭酸はとりあえずこういう式と考えていい
この炭酸H_2CO_3の水素イオンH^+2個がカルシウムイオンCa^{2+}に置きかわった塩が炭酸カルシウム$CaCO_3$なのさ
では炭酸カルシウムが塩酸と反応する化学反応式はどうなる？

$CaCO_3 + HCl \rightarrow$
まず炭酸カルシウムと塩酸でこうなるよね
え…えーと……できるのは塩《えん》と水と気体が多いんだっけ……
酸は塩酸HClでぇH^+のかわりに陽イオンが置きかわって塩《えん》になると……
陽イオンはどれだ？
……
……
化学式の左側だからぁ
カ…
カルシウムかな……

カルシウムCaと
塩素Clが
くっつくとー
CaCl……
カルシウムは周期表の何族だっけ
ここで周期表も出やがるのか～
えーとえーと何ページかな……あっ2族だ
イオンの価数はいくつ？
んーとんーと……2族だから電子2個出して Ca^{2+}
塩素は17族だから電子1個もらって Cl^-

電気的に中性になるように化合物ができるから
$CaCl_2$かな……
よし！できるじゃないかそれが塩だ
で…できたのか？できた？
いやまだまだ他にはなにができる？
うー

あとは水か気体か……
じゃ水！
なんか行き当たりばったりだけど
正解
えー？やったぁ！
水素原子と酸素原子が左辺にあると水ができることが多いんだ水はきわめて安定な物質だから
そーだー水になれーみんなみんな水になれー

式で書くと？
$CaCO_3 + HCl \rightarrow CaCl_2 + H_2O$
……こうかな……
まだ使われていない原子があるよ
$CaCO_3 + HCl \rightarrow CaCl_2 + H_2O$
まだ左辺のC原子が残っている
化学反応は原子の結びつきの変化で原子そのものは変化しないから左辺にある原子は必ず右辺に出てくる
あとはまあ気体かな
Cがつく身の回りにある気体といえば
CO_2 二酸化炭素か！

$CaCO_3 + HCl \rightarrow CaCl_2 + H_2O + CO_2$
でけた！
やっほ やっほ やっほっほ
お喜びのところ申し訳ないが
係数を合わせないと完成しない

なんだ係数って
$2H_2 + O_2 \rightarrow 2H_2O$
こういう式で化学式の前にある数字が係数
1は省略してある
$CaCO_3 + HCl \rightarrow CaCl_2 + H_2O + CO_2$
左辺の塩素Clが1個なのに
右辺は$CaCl_2$の中に2個ある
これじゃ数が合ってない
水素Hも左辺は1個右辺は2個ある
左辺の原子の数と右辺の原子の数が合うように係数を合わせないといけない
めんどくせー！

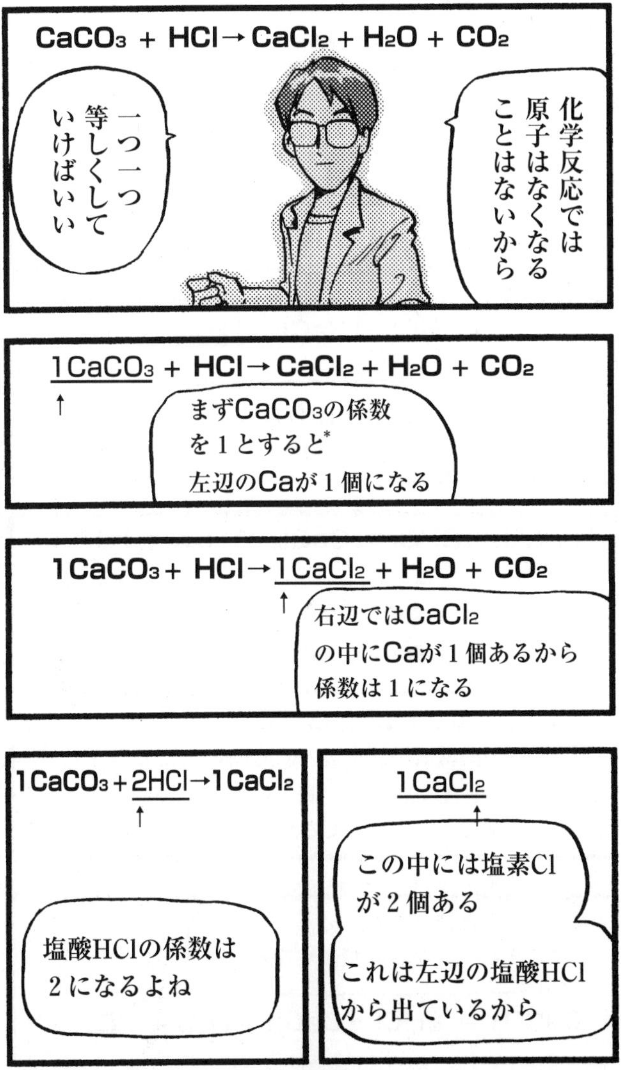
$CaCO_3 + HCl \rightarrow CaCl_2 + H_2O + CO_2$
化学反応では原子はなくなることはないから
一つ一つ等しくしていけばいい
$1CaCO_3 + HCl \rightarrow CaCl_2 + H_2O + CO_2$
まず$CaCO_3$の係数を1とすると* 左辺のCaが1個になる
$1CaCO_3 + HCl \rightarrow 1CaCl_2 + H_2O + CO_2$
右辺では$CaCl_2$の中にCaが1個あるから係数は1になる
$1CaCl_2$
この中には塩素Clが2個ある
これは左辺の塩酸HClから出ているから
$1CaCO_3 + 2HCl \rightarrow 1CaCl_2$
塩酸HClの係数は2になるよね

＊係数は比例関係を表すので、どれを1と決めてもよい。

$1CaCO_3 + \underline{2HCl} \rightarrow 1CaCl_2 + H_2O + CO_2$

あとは水H_2OとCO_2の係数になるけどHClが2個だと左辺の水素原子Hは2個なので

$1CaCO_3 + 2HCl \rightarrow 1CaCl_2 + \underline{1H_2O} + CO_2$

右辺の水H_2Oの係数は1になるね

$1Ca\underline{C}O_3 + 2HCl \rightarrow 1CaCl_2 + 1H_2O + \underline{1CO_2}$

炭素原子Cは左辺に1個あるから右辺のCO_2の係数は1でいい

残りの酸素原子は左辺の$CaCO_3$の中に3個
右辺のH_2Oの中の1個とCO_2の中の2個
計3個でうまく合ってるね

これで全部決まった
係数1は書かないのでこうなる

$CaCO_3 + 2HCl \rightarrow CaCl_2 + H_2O + CO_2$

これでもう
化学反応式も
自由にできたね
できねえよ
！
あとは復習して
体にたたき込めば
オーケー
いやん
体育会系～
あと注意するのは
化学反応の前後で
変化しない触媒や
溶媒
触媒は
反応の手助け
だけして
自分は変化しない
物質だけど
これは化学反応式
の中には書かない

※複雑な反応式の係数は未定係数法（148ページ参照）で求める。

例えば 過酸化水素水 H_2O_2に 酸化マンガン(Ⅳ) MnO_2を 加えて水と酸素に 分解する反応だと……
書かないものを教えんでええ!
いやいや この反応式を ついこう 書いちゃう人が いるんだ
$H_2O_2 + MnO_2 \rightarrow$ ……
触媒MnO_2
$2H_2O_2 \rightarrow 2H_2O + O_2$
矢印の上 あたりに 参考として 書くと 間違わない
これでだいたい 基本は見えて 来たかな
おお!

やっと
化学の麓《ふもと》に
ついたという
ところかな
まだふもと
か～い！
ふもと
か～い！
ふもと
か～い！
まだふもと
か～い
半分以上
描いたのにぃ
何年かかりゃ
できるんだ
あんたは
漫画家
原作の先生
化学反応式の
すごいところは
実験をするとき
何を何gに
何を何g混ぜる
のかが正確にわかる
ところなんだ
そのためには
まず
モルの理解が
必要なんだ
けどね
モル！

未定係数法

酸化マンガン(IV)に濃塩酸を加え，塩素を発生させる反応について考えてみましょう。

$$MnO_2 + HCl \rightarrow MnCl_2 + H_2O + Cl_2$$

(1) それぞれの係数を *a*, *b*, *c*, *d*, *e* とする。

$$aMnO_2 + bHCl \rightarrow cMnCl_2 + dH_2O + eCl_2$$

(2) 左辺と右辺の各原子の数は等しいことから，方程式を立てます。

Mn	について	$a = c$	①
O	〃	$2a = d$	②
H	〃	$b = 2d$	③
Cl	〃	$b = 2c + 2e$	④

(3) ここで $a=1$ として①～④の連立方程式を解くと

$$a=1,\ b=4,\ c=1,\ d=2,\ e=1$$

と各係数を求めることができます。

化学反応式の係数は各物質の比例関係を表しており，$a=1$ と決めてもいいのです。

$$MnO_2 + 4HCl \rightarrow MnCl_2 + 2H_2O + Cl_2$$

(4) 係数が分数になった場合，整数に直します。

⑩ モルとは何か

はあ
ふっ
はあ
ふっ
ふっ
な…なんであたし……
はあ
はあ
山を登っているんだろう……
がんばれもう少しで頂上だよ

風がさわやかだよね
下界は暑かったのに
はあ
なんでこいつはこんなに元気なんだろう……
はあ
はあ
100m登ると気温は0・6℃下がるんだよ
ディズニーランドに行きたかったなあ……
あとどでぐだい～？
小一時間かな
1時間
！
三ツ峠
三ツ峠山山頂

ほら
富士山が
見えるよ
超おなか
すいたぁ
お弁当
にしよう
苦労して
山頂に立った
喜びは
格別でしょ
……
……

化学ではモルがこの峠のようなもので
ここを乗り越えると大きな展望が開けるんだ
…… ……
食べながらまだモルを語るか……
でもたしかに気分がいいなあ
ちょっとやせたかもしんないし

⑩ モルとは何か

あっ
体冷えちゃうからこれはけば？
化学で最初につまずくのがモルなんだよね
化学の話以外にないんかー！

モルってー数だったり重さだったり大きさだったりしてなんだかよくわかんない～
重さじゃなくて「質量」大きさじゃなくて「体積」と言いましょう
八百屋さんでじゃがいもはひと山いくらで売ってるよね
原子や分子はものすごく小さいからひと山ふた山で考えるんだ
原子の世界のひと山の単位＊が「モル(mol)」
元々ラテン語で「ひと山」のことらしい
合コンで男をひと山と数えるのといっしょか……

＊モルを単位にした物質の量を「物質量」という。

こっちのモルはいい男ぞろいだけど
こっちのモルはカスばっかとか……
1モルは数が決まっていて6・02×10^{23}個この数をアボガドロ数という
出たよ23乗《じょう》まったく実感のわかない数
鉛筆1ダースは12本というのと同じでただの単位だよ
にじゅうさん乗ってのがわからん
たしかにものすごい数だからなあ……感覚としてどれくらいあるんだろう

この砂粒を原子として考えてみようか
NHK教育のお兄さんみたいだな……
ここに1モル6・02×10^{23}個の砂粒があるとする
数えるとどれくらい時間がかかるかな?
1・2・3・4……
100年かかりそう
100年?そんなもんじゃないよ
1秒間に1粒として1分60粒1時間に60×60 3600粒1日だと24倍で8万6400粒

年間だと……365倍で3153万6000粒
すっげえ暗算早い
数え終わるのに何年かかるかというと……
$6.02\times10^{23}\div(3.15\times10^{7})=1.91\times10^{16}$年
10の16乗年!!
うわあ！地球がそれまで存在するかわからないよ
50億年（5×10^{9}年）くらいで太陽が燃え尽きちゃうと言われてるからその約400万倍

大丈夫
そんなに
気の長いやつ
はいないから
身も蓋《ふた》も
ないね
今度は量を
考えてみよう
か
あんまり
考えたく
ないんだけど
なあ……
1モル6・02×10^{23}個の
砂粒はいったい
どれくらいの量に
なるのか
そりゃもう
地球よりでかい
ですわよ
きっと

いや
ぷるぷる…
そんなには大きくないと思う
富士山より大きいか小さいかどっちかな?

まずは
富士山の
体積を
求める
裾野《すその》が広がって
計算が大変
だなあ
ここから見える
範囲の富士山
としましょう
薄い円柱が
積み重なっている
として
概算すればいいか
カリカリ
カリカリ
……
もしかして
ものすごーく
難儀な人かも

もう寒くなってきたから帰らない？
や もうこんな時間か
でも だいたいわかった
ここから見える富士山の体積はおよそ1・5×10^{11} m^3だ
すごい すごい
さっ 下山
おーい 下山は大変なんだよっ！

⑩　モルとは何か

あ…膝ががくがく笑ってるぅ～
HOTEL
ちょっと休んでいこうか
えっ！
そーかそういうことだったのか～
あたしを疲れさせておいて……意外と策士《さくし》じゃん
どうしようかな……

よいしょっと
べべべベンチかーい！
富士山の大きさはわかったけど砂粒1つはどれくらいだろう
いない！ここまでのタイプはいなかった
1粒を1辺が0・2㎜の立方体として計算してみようか
あっ？
えっ？なに？

砂粒１つの体積は $(2.0\times10^{-4})^3$ m^3
な…なにが まいなすよんじょう かっことじる さんじょうりっぽー めーとる？
ここが砂１粒の１辺で
立方体だから３乗する
１モルの砂粒全体の体積が $(2.0\times10^{-4})^3\times6.02\times10^{23}$m^3 あるってのはいい？
あー モルか

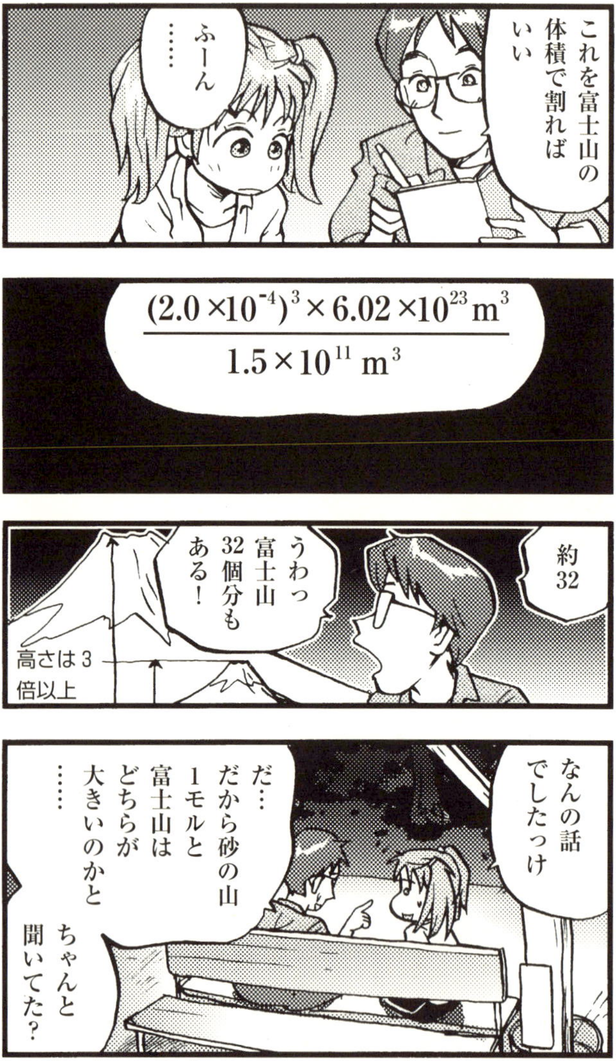
これを富士山の体積で割ればいい
ふーん……
$\frac{(2.0\times10^{-4})^3\times6.02\times10^{23}\,\mathrm{m}^3}{1.5\times10^{11}\,\mathrm{m}^3}$
約32
うわっ富士山32個分もある！
高さは3倍以上
なんの話でしたっけ
だ…だから砂の山1モルと富士山はどちらが大きいのかと……
ちゃんと聞いてた？

1モルって
すごく大きい
数字なんだって
ことをね……
そりゃあ
もう大きいよ
うんうん
……
あっ
それより
おしっこが
もる
ふううううう

⑪　1モルの質量（モル質量）

じゃがいもはひと山の中でそれぞれ大きさが違うけれど
同じ種類の原子は基本的に同じ質量なんだ
ジャラ ジャラ
硬貨で考えるとわかりやすいよ
100

⓫ 1モルの質量

化学天《てん》秤《びん》で質量をはかると
なんで化学天秤持ってるのか……
もう考えるのよそう
500円玉は7.192 g
100円玉は4.796 g
500円玉と100円玉の質量の比は
7.192g/4.796g=1.499……
およそ1.5だから
500円玉は100円玉の1.5倍の
質量を持っている
整数比で表すと
500円玉の質量 : 100円玉の質量
3 : 2
ということになるよね
500
500
=
100
100
100

これは500円玉の質量を3とすると100円玉の質量は2であるという相対的な質量を表しているんだ
妙にむずかしい言い回しだけど言ってることはわかる
枚数がどこまで増えても同じ枚数同士なら質量比は同じ3対2
500円玉：100円玉
枚数比　質量比
1枚：1枚　＝3：2
2枚：2枚　＝3：2
3枚：3枚　＝3：2
⋮　⋮
n枚：n枚　＝3：2
うん

逆に言うと500円玉と100円玉を3対2の質量比で用意すればその中に入ってる硬貨の枚数は同じになるわけだよね
うん わかる
質量比が3対2だからとりあえず3と2にkgをつけて
500円玉3kg 100円玉2kg用意しました
何枚入っているでしょうか
あ えーと 簡単なわり算だな
500円玉は7.192gだから……3000÷7.192で……
417！

100円玉は4.796gで……
2000÷4.796＝……
417
どっちも417枚だ
オーケー
それでは原子の話だよ
マグネシウムMgを燃焼させると酸素Oと化合して酸化マグネシウムMgOができるんだが
これは1対1の原子数比で結合していることがわかっている
マグネシウムと酸素の原子量はいくつだっけ？
原子量！
大丈夫覚えてなくても周期表見ればいいから
なんだそうなのか

⓫ 1モルの質量

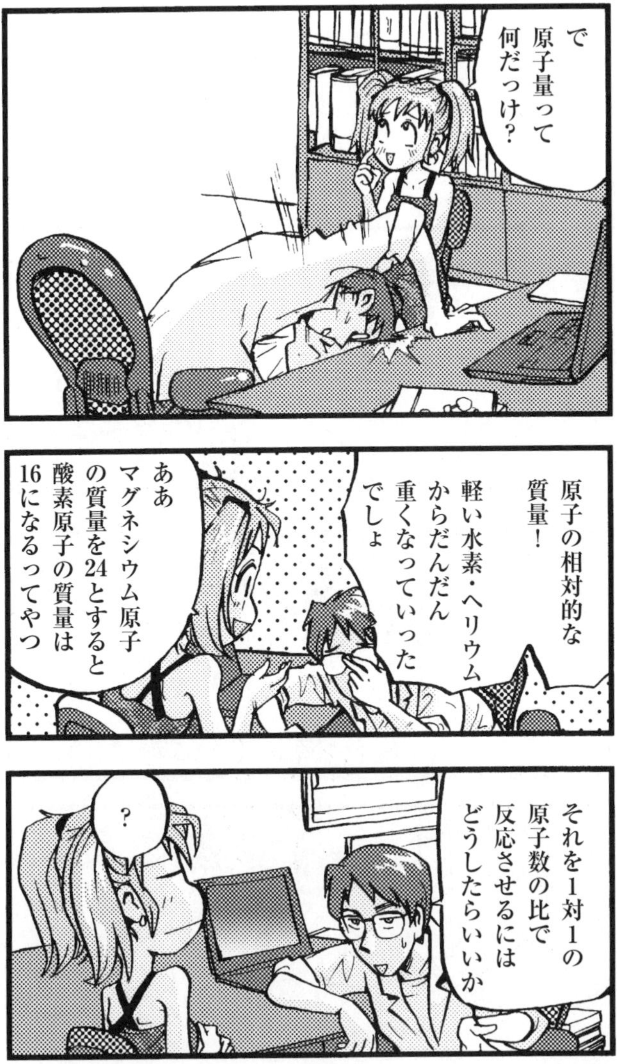

で
原子量って
何だっけ？
原子の相対的な
質量！
軽い水素・ヘリウム
からだんだん
重くなっていった
でしょ
ああ
マグネシウム原子
の質量を24とすると
酸素原子の質量は
16になるってやつ
それを1対1の
原子数の比で
反応させるには
どうしたらいいか
？

マグネシウム24gと酸素16gを合わせちゃえばいいってこと?
あ 酸素16gって気体ははかれないか
いや いや それで正解
24対16で反応させればいいから24gと16gでも48gと32gでもいいんだけど
相対的な質量を表す原子量にgをつけるのが一番簡単でしょ
それが原子量にgをつけるということで
原子1モルの質量(*モル質量)は原子量にgをつけたものになるんだ
g

*単位 g/mol

⓫ 1モルの質量

実は原子量にgをつけた量に何個の原子があるか調べたら6・02×10²³個だったというわけさ
6.02×10²³個
g
酸素原子1モルの質量は？と聞かれたら？
16g
正解！
なーんだ超かんたーん

次は分子1モルについて考えよう
水分子1モルは何gでしょうか
1モルの水
水はH_2Oだから水素原子Hが2個酸素原子Oが1個
水素原子が2モル酸素原子が1モルある……
よしその調子
H原子2モル　2×1＝2g
O原子1モル　1×16＝16g
計　18g
2×1g＋1×16g=18g
分子量計算と同じだ

*NaClなど組成式で表される化合物では「式量」という。

6・02×10^{23}個あるんでしょ
それじゃ水分子1個は何g？
うっ
えっとー18gを6・02×10^{23}で割るとぉー
うー……計算機〜
ああ！0が多すぎて計算機のケタが足りな〜い！
……

23乗は忘れて18を6・02で割ればいいんでは……
あ
そんなんでいいの？
2・99×10^{23}gだ！
そんなに重くてどうすんの
マイナスつけるの
10のマイナス23乗
あ
そういう言い方もあるね

とにかく ものすごーく 小さいわけね もう わかっちゃった モル
大丈夫かなー
ところで何で 10^{23} みたいな 数字が わかったわけ ？
そりゃもう 昔の人がたくさん 調べてやっと わかった数字で
アボガドロが ……
ステアリン酸 が……
聞かなきゃ よかったかも ……

⑫　気体1モルの体積
今日は1モルの体積
へーイ体積ねー
体積は固体・液体・気体で全然違う
へイへーイ

ではふかふかの綿と金属の鉄が1000gずつあるとしましょう
どっちが重い？
1000gずつって言ってるからどっちも同じ重さ！
おー引っかからなかったー
ならば同じ体積を用意したらどちらが重い
そりゃ鉄に決まっとるべさ
それが密度の差です
ふむふむ

鉄Fe1モル55・8gの体積は7・1cm³
水H_2O1モル18gは18cm³の体積になる
アルミニウムAl1モル27gの体積は10cm³
エタノール（エチルアルコール）C_2H_5OH1モル46gは約58cm³
エタノール
このように固体と液体は物質によって1モルの体積が異なる
1モル均一！

ところが気体はどんな物質でもほぼ一定の体積になる
へー
ここにドライアイスがあります
やったーハーゲンダッツッ!
あたし抹茶アイスに決め!
あ……ごめんドライアイスしかない

し…
信じらんなーい
こ…
今度行こう
ハーゲンだっぐ?
で……この
ドライアイスを
0.50g
化学天秤で
はかりとる
水を入れて
逆さまにした
500mℓの
メスシリンダー
の中に
素早く
つっこむ

出てきた気体はなんでしょう
抹茶
な…なにかな～？
抹茶
……
抹茶1モル！
えーとハーゲンダッツだっけ……

よろしいですか？
やっぱり抹茶アイスよね
この気体はなんでしょう
二酸化炭素 CO_2～～！
ふー……

この量を読みとって
えーと……230mℓ
0・50gのドライアイスが全部気体になったから
この気体の質量は0・50gと考えていいね
うん
CO_2 1モルは何g？
あー
Cが12
Oが16×2で
全部足すと
44g
もう出るね
何が？

⑫ 気体１モルの体積

大きい方？
1モル分の体積〜！
えーと0・50gのドライアイスから230mℓだから
0.50g
230mℓ
‖
0.23ℓ
1モル
44g
1モル分44gからだと……
?
0.50 g …0.23 ℓ
1mol=44g…x ℓ
0.50：0.23＝44：x
比例計算して
えーと外と外を掛けるんだっけ

0.50×x＝44×0.23
x＝44×0.23/0.50
≒20*
約20ℓ
もっと精度を上げた実験をすると正確な数値が得られるんだ
例えば0℃の酸素の密度は1.43g/ℓ
1モルの酸素分子O2は32.0g
さて体積はどれくらいになる？

＊二酸化炭素はある程度水に溶けるので値は小さくなる。

うー……
$\text{密度}(g/\ell)=\frac{\text{質量}(g)}{\text{体積}(\ell)}$
じゃ体積を求めるにはぁ……
$\text{体積}(\ell)=\frac{\text{質量}(g)}{\text{密度}(g/\ell)}$
32.0gを1.43で割りゃいいのか
うん
22.37… ℓ
はいそれ! 22.4ℓが1モルの体積!

気体の種類に関係なく1モルの気体の体積は0℃ 1013hPa(1気圧)で22.4ℓになる
これは必ず覚えてね
28.2cm
28.2cm
1モル
22.4ℓ
はーい
0℃ 1013hPaは標準状態といいます
ふーん
ああここまで来るのに時間かかった～
アイス食ったからいいや

これがわかると逆の計算ができる
逆？
気体の種類に関係なく標準状態で22・4ℓの中には1モルの分子が入ってる
1モル
うん
つまり気体の密度がわかれば
その気体の分子量がわかるってこと
それを使って多くの物質の分子量・原子量が求められたんだ

例えば1ℓの容器に窒素N_2を入れて真空の時との質量の差を求めると密度はすぐにわかる
そういうもんですか
窒素N_2の標準状態における密度は1・25 g/ℓになった
気体1ℓの質量が密度
1.25
さあ分子量を求めてみましょう
みましょうったってな

分子量にgで
1モルあたりの
質量だよ
んー
……
密度ってのは
1ℓの質量
だから
……
1ℓで
1・25g
あるってこと
か
あ
22・4ℓ
にすりゃ
いいんだから
22・4倍
すればいい
のか！
そう
質量(g)=密度(g/ℓ)×体積(ℓ)
1モルは1.25×22.4=28.0g
分子量は
28.0だ！

窒素分子はN_2だからN1個の原子量は？
半分
14.0

やった やったー
すばらしい！ エクセレント！
あ… あららら
これで峠を越えたようなもんだよ！
そ… そう？

よーし
もう基本は
ばっちりだ
うははは
やっと
ここまで
来た！
ほんとに
……
ランラ
ランラ
ラン
ドス
ドン
ダン
なんか派手に
どすどす
やってるなあ
……

あっ
えっ?
ごごごめんなさいっ!
あっ ちがっ 違う!

……
いいじゃん
別に
パクパク
食べる
？
く…
くけー！
きょきょきょ
今日は
これくらいに
しておきましょう
はーい
よーし
なんとか
主導権
にぎっちゃった
かな～
へっへっへ
……
はー
ドクン
ドクン
ドクン
さすがは
幸……
あの兄貴
を……

まとめ

アボガドロ数NA　$N_A = 6.02 \times 10^{23}$

質量数12の炭素原子 ^{12}C 12g中に含まれる ^{12}C 原子の数

1モル(mol)　原子・分子などのアボガドロ数個の集団

1モル …… 6.02×10^{23} 個

物質量　モル(mol)を単位としてはかった物質の量

原子1モル

アルミニウム1モル

Al原子

6.02×10^{23} 個

体積 $10cm^3$

モル質量 27g/mol

鉄１モル

Fe原子

6.02×10^{23} 個 …… 数は 6.02×10^{23} 個

体積 $7.1cm^3$ …… 体積は物質によって異なる

モル質量 55.8g/mol …… 原子1モルの質量(モル質量)は原子量にg

分子1モル

水１モル

H_2O 分子

6.02×10^{23} 個

体積 $18cm^3$

モル質量18g/mol

(1×2＋16＝18)

気体分子 (0°C, 1013hPa)

水素１モル

H_2 分子

6.02×10^{23} 個

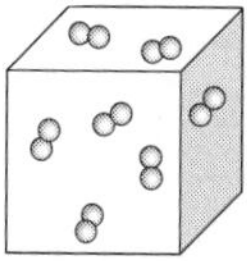

体積 22.4ℓ

モル質量 2g/mol

(1×2＝2)

メタン１モル

CH_4 分子

6.02×10^{23} 個

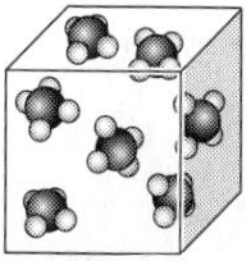

体積 22.4ℓ

モル質量 16g/mol

(12＋1×4＝16)

分子１モルの質量(モル質量)は分子量にg

分子量＝各原子の原子量の総和

気体1モルの体積は気体の種類に関係なく22.4ℓ(0°C, 1013hPa(1気圧))

数は 6.02×10^{23} 個

⑬　アボガドロ数

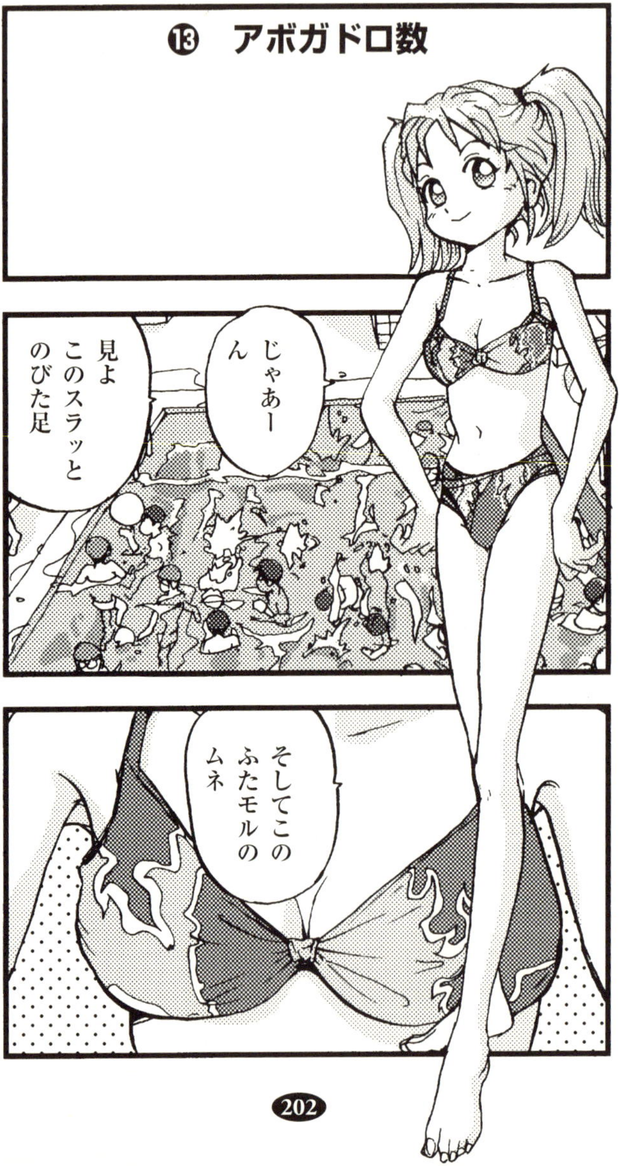
じゃあーん
見よ このスラッとのびた足
そしてこのふたモルのムネ

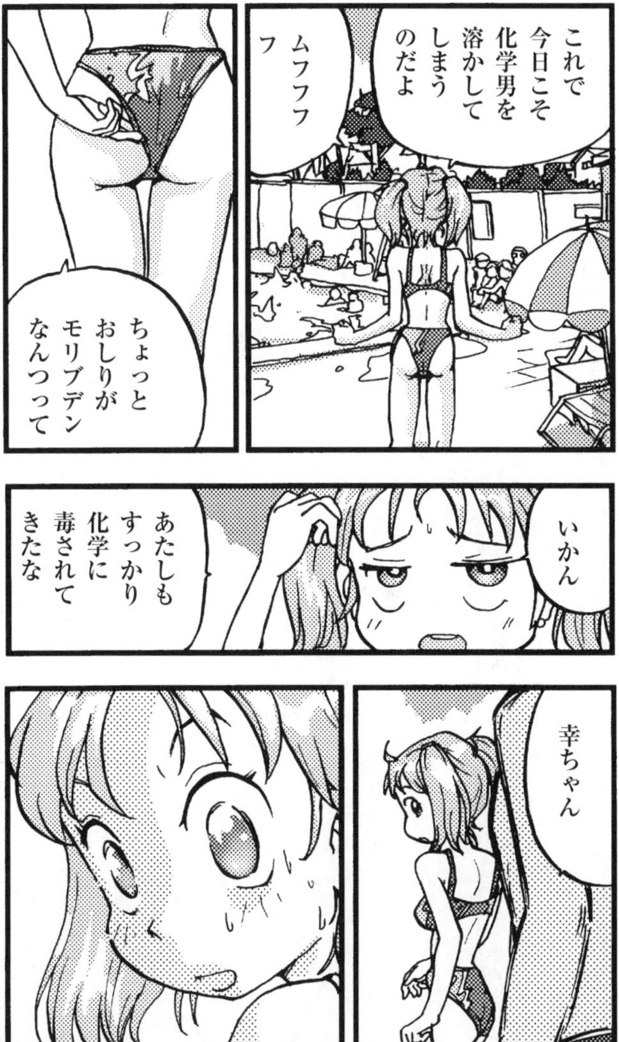
これで今日こそ化学男を溶かしてしまうのだよ
ムフフフフ
ちょっとおしりがモリブデンなんつってて
いかん
あたしもすっかり化学に毒されてきたな
幸ちゃん

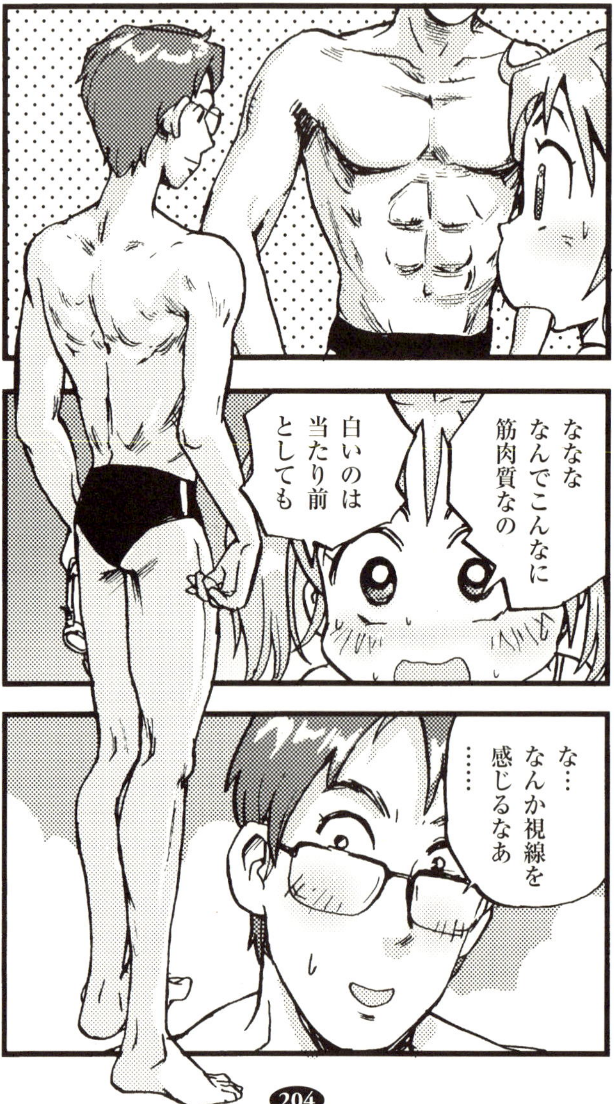
なななななんでこんなに筋肉質なの
白いのは当たり前としても
な…なんか視線を感じるなあ……

よく室内プールで泳いでるんだ2000mくらい
ほえー
でも今日は子供が多くて本気で泳ぐってわけにはいかないなあ
ちゃんとストレッチしないとだめだよ
うわっやわらかい!

いでででででで
ムリしないでいいから反動を使わないでゆっくりのばす
有酸素運動として水泳は非常に優れてるんだよ
ふーん
……
しかしこの男はあたしの体に無反応だなあ

まっすぐ泳ぐスペースがない
芋《いも》洗いだねえ
まるでステアリン酸状態
なに？

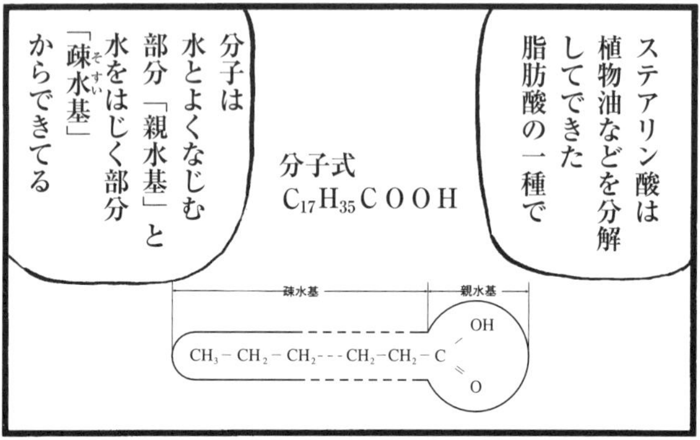
ステアリン酸は
植物油などを分解
してできた
脂肪酸の一種で
分子式
$C_{17}H_{35}COOH$
分子は
水とよくなじむ
部分「親水基」と
水をはじく部分
「疎水《そすい》基」
からできてる
疎水基
親水基
OH
$CH_3-CH_2-CH_2---CH_2-CH_2-C$
O

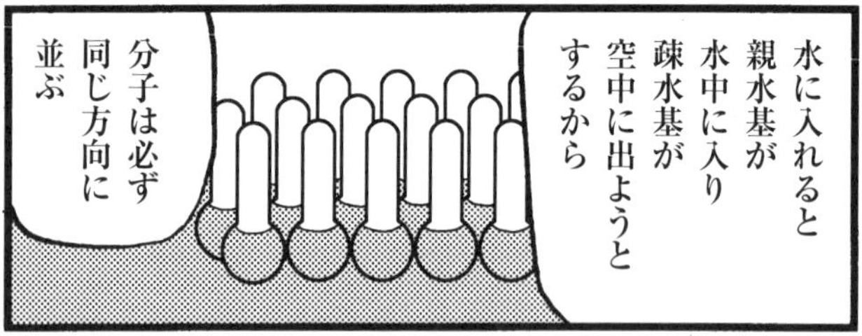
水に入れると
親水基が
水中に入り
疎水基が
空中に出ようと
するから
分子は必ず
同じ方向に
並ぶ

子供をたくさん
プールに放り
込むと
全員が頭を
上に出して
立っている状態
になるから
言うなれば頭は
「親空気基」
だね

たくさんの子供たちが
並んで立ち泳ぎを
してる状態
それが
ステアリン酸
この前
どうやって
アボガドロ数を
求めたのか
幸ちゃん
聞いたよね
ありましたっけ
そんなことも
ステアリン酸は
この特性で
水の上に
薄ーい被膜
を作る
単分子膜と
いって
分子1個分の
厚さしかない

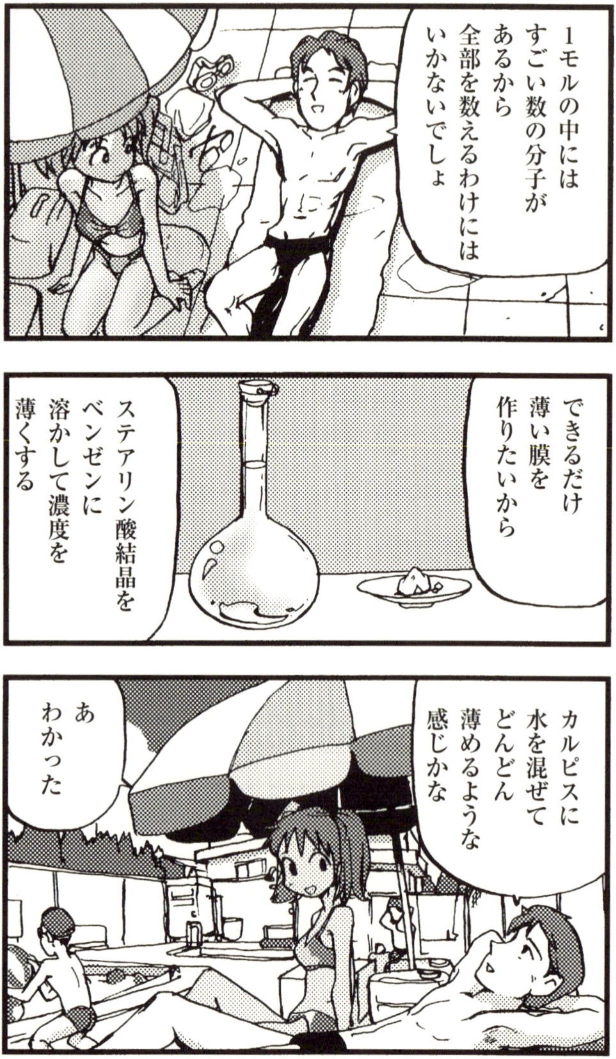
1モルの中にはすごい数の分子があるから全部を数えるわけにはいかないでしょ
できるだけ薄い膜を作りたいから
ステアリン酸結晶をベンゼンに溶かして濃度を薄くする
カルピスに水を混ぜてどんどん薄めるような感じかな
あわかった

たとえば100mℓのベンゼンに0・0030gのステアリン酸結晶を溶かす
もうかなり薄いね

これをスポイトで取って
チョークの粉を浮かべた水の上に1*滴落とすと溶液が広がり

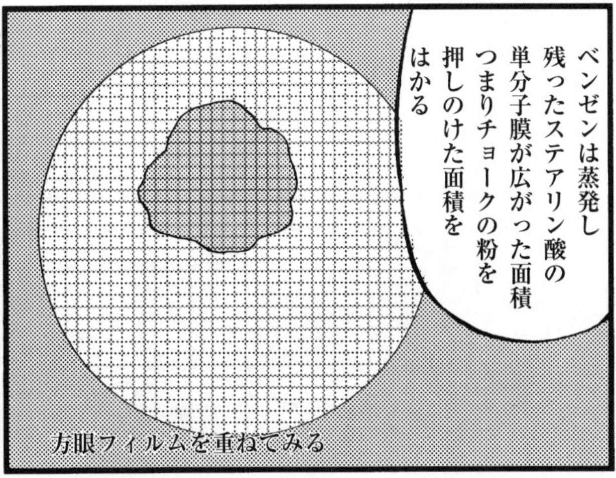
ベンゼンは蒸発し残ったステアリン酸の単分子膜が広がった面積つまりチョークの粉を押しのけた面積をはかる
方眼フィルムを重ねてみる

＊1滴の体積は、たとえば1mℓの溶液が何滴になるかを調べて求める。

これを繰り返しておこない1滴あたりの面積を出す
うんうん
水面に広がったステアリン酸の体積は溶液の体積・濃度・密度から求める
ステアリン酸の体積をv
水面に広がった面積をS
膜の厚さをhとすると
$v = S \times h$
ステアリン酸分子1個の占める体積はこの膜の厚さから推定でき*
それを v_0 として
1モル分の体積をV
とすると
$V = v_0 \times N_A$
N_Aがアボガドロ数
でN_Aがだいたい6×10^{23}と出てくる
ふー……

※現在はX線で原子の並び方と間隔を調べ、結晶中の密度を測って決める。

*たとえば分子の形を立方体と仮定する。

おねえちゃんたち
プールでむずかしい
お話ししてて
楽しい？
好きで
やってるんじゃ
ないわよ！

空はこんなに
青いのに

なにが悲しくて
プールで
アボガドロ

はい
カルピス
あ
サンキュ
ちょっと
濃い目
だね
このカルピスには
何モルの糖が
入ってるのかな
かっこいいのに
もてないはず
だわ……
こりゃ

もうそろそろモルも仕上げに入るよ
しあげ？
基本はだいたい説明したんで次は応用かな
応用～！
はっきり言ってそれが一番苦手なんだわよ

⑭　化学反応式の中の「モル」

まず化学反応式の中でモルがどんな意味を持っているか
水素と酸素から水ができる式を考えてみよう
はい先生！

水素 + 酸素 → 水
$2H_2 + O_2 \rightarrow 2H_2O$
こーだな
$2H_2 + O_2 \rightarrow 2H_2O$
分子レベルで考えてみようか
この式からなにがわかる？
えー……2個の水素分子と1個の酸素分子から
2個の水分子ができることを表している
でいいのかな
オーケーだいぶ得意になってきたね
えっへん

化学反応式の係数は比例関係を表しているというのはわかる？
係数は化学式の頭につく数字
$2H_2$ + O_2 → $2H_2O$
これこれ
1は書かない
あーはいはい思い出したけーすー

水素分子と酸素分子の数の比は2対1ということ
2個の水素分子には1個の酸素分子が反応して4個の水素分子には2個の酸素分子が反応する
じゃいっそのこと全体を6×10^{23}倍してみてもいいよね
水素分子H_2が$2 \times 6 \times 10^{23}$個
酸素分子O_2が$1 \times 6 \times 10^{23}$個
水分子H_2Oが$2 \times 6 \times 10^{23}$個

6×10^23個の集団が1モルだから
より正確には6・02だけどだいたい6でいいよ
あっそうかわかった！

2モルの水素と1モルの酸素から2モルの水ができるんだ!!

それがモルになるということだ!!
大正解！
その通りだよ幸ちゃん！

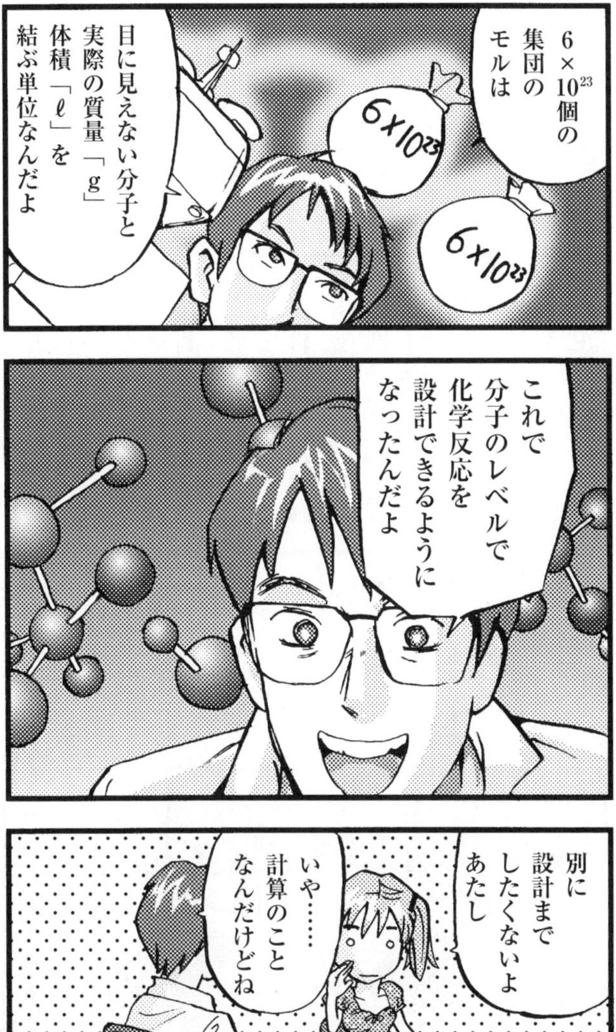

6×10^{23}個の集団のモルは
6×10^{23}
6×10^{23}
目に見えない分子と実際の質量「g」体積「ℓ」を結ぶ単位なんだよ
これで分子のレベルで化学反応を設計できるようになったんだよ
別に設計までしたくないよあたし
いや……計算のことなんだけどね

それじゃさっそく今の式を質量に変換してみよう
出たなー計算式
まず水素H_2の分子量は
原子量が1だから1×2で2
酸素O_2の分子量は
たしか原子量が16だから16×2で32
水H_2Oの分子量は
水素1×2と
酸素16を足して18
すると水素2モルは2×2の4g
酸素1モルは1×32の32g
これが反応して!……

2×18で36gの水ができる
よし!
そうだよ反応前の全質量は4＋32＝36g
反応後の全質量も36g
これは質量保存の法則なんだ
ああ!急に宇宙が見える〜!

これが気体になると？0℃1013hPa(1気圧)で
ふっふっふ
2×22・4ℓの水素と
1×22・4ℓの酸素から
2×22・4ℓの水ができる
水素
水素
酸素
水
水
惜しい！
水は液体だから22・4ℓではない
あっ

水蒸気になるなら
2×22.4ℓで正解
なんだけど
0℃1013hPa(1気圧)
では
水は液体になる
そこで2モル分
の水というと36g
水の密度は
1.00g/cm³
だから
体積は36cm³
かな
そらキミ
問題が変
なんじゃ
ないです
かな
いや
すいません
ちょっと
変でした
これで係数の
意味がわかった
ようだね
化学反応式の
係数は
物質量（モル）
の比を表して
いるんだ
うむ
あたしも偉く
なった気分

まとめるとこういうこと

$$2H_2 + O_2 \rightarrow 2H_2O$$

分子　**2個のH_2分子と1個のO_2分子** から　**2個のH_2O分子**ができる

全体を6×10^{23}倍

	$2H_2$	O_2	$2H_2O$
	$2\times\underline{6\times10^{23}}$ = 1mol	$1\times\underline{6\times10^{23}}$ = 1mol	$2\times\underline{6\times10^{23}}$ = 1mol
モル	2mol のH_2分子	1mol のO_2分子	2mol のH_2O分子
質量	$2\times2g$	$1\times32g$	$2\times18g$
	$4g+32g=36g$		36g **(質量保存の法則)**
気体の体積	$2\times22.4\ell$	$1\times22.4\ell$	$2\times22.4\ell$ (水蒸気であるとして)

(気体反応の法則)

なんだ1ページで収まることを9ページもやったのか
マンガはページ数食うんだよおおお

⑮ 気体のモル応用編
はっ
うわっ
いや まいった
……

テニスも
うんまーい
不思議な
ヒト
なにしてるの？
久しぶり
だからね
ずいぶん空気
抜けちゃってる
また空気
入れればいい
じゃない
ははは
硬式ボールは
へそがないから
入らない
ほら
カンから
出して
長い時間が
たったり
強いラリーを
していると
少しずつ
柔らかく
なって
使えなく
なっちゃう

カンの中は
1.82×10⁵Pa(1.80気圧)になってる
テニスボールは
1.76×10⁵Pa(1.74気圧)に加圧されてて
DUNLOP FORT
へー
へそがないのに
1.01×10⁵Pa(1気圧)より高く作れるんだー
あっ
これもモルで考えられるよ
チキチキチキチキ

んん なかなか 切るのって むずかしいな
切らんでいいです！
ふう
作るときも こういう半分のボールを 張り合わせて作る
中に亜硝酸ナトリウム $NaNO_2$ と 塩化アンモニウム NH_4Cl と 少量の水を加えて

接着剤で張り合わせた後
加熱して反応させそのとき出る窒素ガスで圧力を高くする
N_2
化学反応式は
……
$NaNO_2 + NH_4Cl$
$\rightarrow NaCl + 2H_2O + N_2\uparrow$

反応後は窒素N_2が気体で後は水と塩《えん》
おーよく覚えてたねー塩《えん》
さてどれだけの量の亜硝酸ナトリウムと塩化アンモニウムを入れればいいでしょう
てきりょう
えーとねこれだけじゃわからないと思うから
ボールの体積を出しちゃおう

内径が6・2cmだから内半径rが3・1cm
球の体積は知ってる?
あたしに聞くなよ
V(体積)= $\frac{4}{3}\pi r^3$
ぱいあーる参上って正義の味方みたい
V= $\frac{4}{3}\pi r^3$ = $\frac{4\times3.14\times3.1^3}{3}$ ≒125 cm^3
だいたい125 cm^3になるね
聞いちゃいねえな……
ボールの圧力が1.76×10^5Pa(1.74気圧)だから0.75×10^5Pa(0.74気圧)分の窒素を発生させればいい
なんで0.75×10^5Pa(0.74気圧)?

はじめから大気圧が1.01×10^5Pa（1気圧）ある
温度で体積って変わっちゃうんじゃなかった？
うーむ
20℃だと0℃と比べて7％くらい増えるんだけどそれは考えないことにしよう
0℃とする
そんなことよりテニスしようよ～
だめ
ス

> まず0℃ 1013hPa（1気圧）で125cm³の窒素を考えてみよう

> ひーん ひーん プールだのテニスだのってっても全然楽しくなーい

1モルの窒素は
22.4ℓ
0.125ℓ
125cm³は0.125ℓで……

$1 \text{ mol} \cdots\cdots 22.4 \ell$
$n \text{ mol} \cdots\cdots 0.125 \ell$

$n = \dfrac{0.125}{22.4} \text{ mol}$

*気体の物質量（モル）は圧力（Pa）に比例する。

> 実際には $0.75 \times 10^5 \text{Pa}$（0.74気圧）分だから……
> その74%で0.74を掛けると

> いいぞ その調子

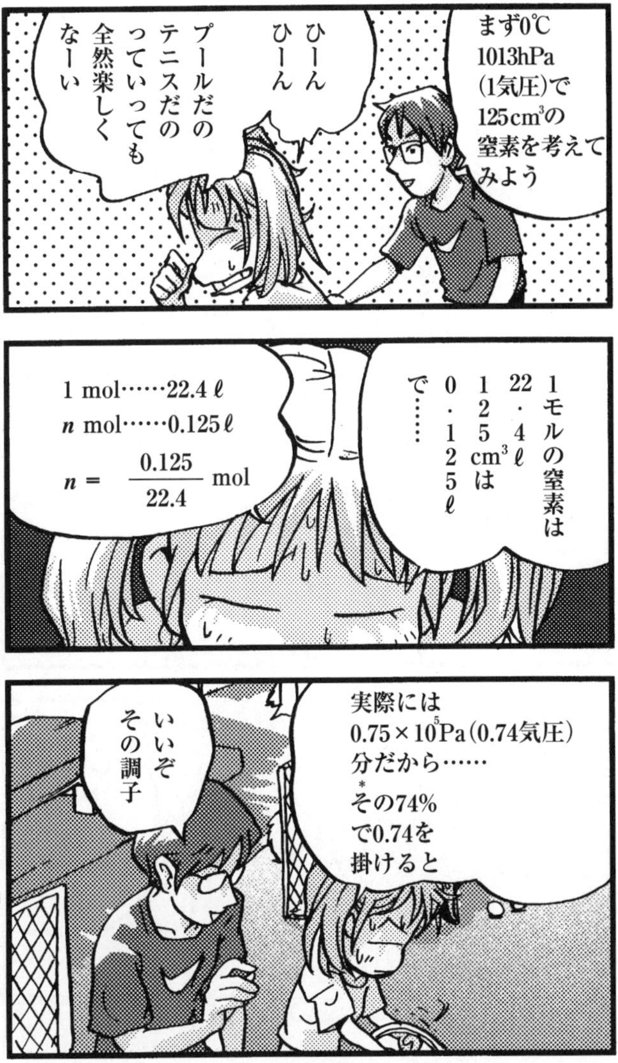

0.004129464…mol
そんなに細かく出すことはないよ
4.1×10^{-3} mol でいい
$NaNO_2 + NH_4Cl \rightarrow NaCl + 2H_2O + N_2\uparrow$
1mol 1mol 1mol
えーと……この式の係数は……
1モルと1モルから1モルの窒素が出るから
必要な量も4・1×10^{-3}モルでいいのかな
いいよいいよ

NaNO₂が
……
23＋14＋16×2
全部で69
ポーン
NH₄Clが
14＋1×4＋35.5
で53.5
スポーン
それを4.1×10⁻³
モル分だけ用意
すればいいと
亜硝酸ナトリウム 4.1×10⁻³×69=0.28 g
塩化アンモニウム 4.1×10⁻³×53.5=0.22 g
どうだ!
カンペキ!

1 mol
22.4 ℓ
125 cm³
=0.125 ℓ
? mol
今のやり方は最初にボールの中の気体が何モルか計算して物質の式量*にかけたわけだけど

*組成式で表される物質の原子量の総和。

$NaNO_2$ …… 1 mol → 69 g
NH_4Cl …… 1 mol → 53.5 g

⇩

N_2 …… 1 mol → 22.4 ℓ

最初に1モル分を計算する方法もあるよ

$NaNO_2$ + NH_4Cl → ……N_2

$NaNO_2$	NH_4Cl		N_2
1 mol = 69 g	1 mol = 53.5 g	→	1 mol = 22.4 ℓ
x g	y g	→	0.125×0.74 ℓ

反応式の係数より

$NaNO_2$の物質量（mol）＝N_2の物質量（mol）

$$\frac{x}{69} = \frac{0.125\times0.74}{22.4}$$

これより　$x = 0.28$ g

同様に

$$\frac{y}{53.5} = \frac{0.125\times0.74}{22.4}$$

$y = 0.22$ g

いやあ幸ちゃんもモルをあやつれるようになったね
ほほほほほほ
それではフォアのストロークを
よっしゃあ！
ブラシかけてんじゃん
あっそんな時間か

⑯ 液体のモル応用編

数式ばっかり増えていってさっぱり関係は進まないなあ
あたしのことどう思ってるんだろう……
うわっ そんなに砂糖を！
ボク甘党なんだよね
ハーゲンダッツ知らんかったくせに……
幸ちゃんブラック？
っていうか太るしぃ

カラオケでも行こーか
そーだ!
このコーヒーで溶液の濃度を考えてみよう
あ……やめる?
いーですいーですとことんモリましょう
もうあきらめた
では問題

100gの水に10gの砂糖を溶かしてできた砂糖水の濃度は何%か
10g
100g
簡単 10%
ブー
10g砂糖が入ったから全体で110gの砂糖水になるでしょ
だから9・1%が正解でした
質量パーセント濃度(%)
= *溶質の質量(g) / 溶液の質量(g) ×100
= 10 / 100+10 ×100
= 9.1%
これから最後の難関モル濃度だよ
あーっ最後？
これで終わりなのね！

＊溶液中に溶け込んでいる物質

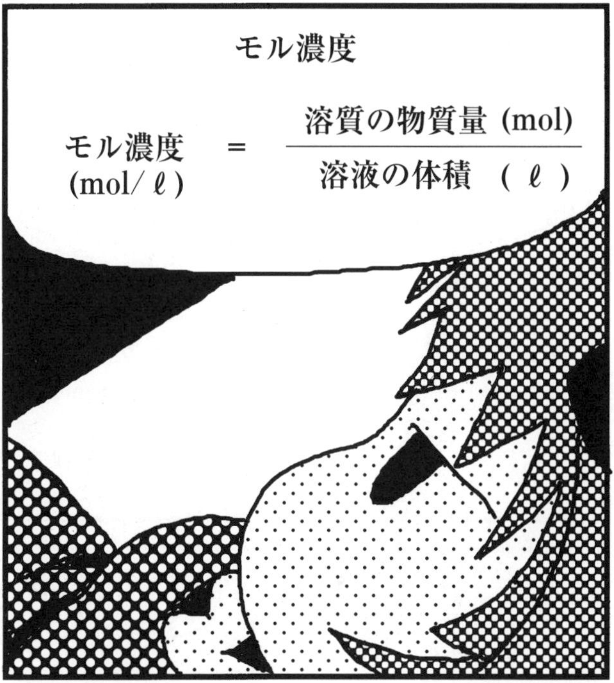
モル濃度
モル濃度(mol/ℓ) = 溶質の物質量(mol) / 溶液の体積(ℓ)

1ℓの中に何モルの物質が溶けているかということか……
モル濃度は粒子の数がわかる濃度で化学に適した濃度だよ ここにある水酸化ナトリウムNaOH水溶液のモル濃度を求めてみよう

まず酸の標準溶液としてシュウ酸を使う
ふーん
じゃあ
濃度0.100mol/ℓのシュウ酸水溶液500mℓを作ってみよう
はい
え？
あたしが作るの!?
やってみて

えーと えーと
0.100 mol/ℓ の濃度って ……
あっ 10分の1 か
1モルって 何gあるんだ? シュウ酸って
シュウ酸の結晶の分子式は $(COOH)_2 \cdot 2H_2O$ だから分子量は126
1ℓに 10分の1モル 入れればいいから 500mℓは その半分
500mℓ
シュウ酸 6.30g とみた
えー…… 合っているんですけど ……

水溶液500 mℓ (0.500 ℓ) 中に溶けているシュウ酸の物質量（モル）は
モル濃度(mol/ℓ) = 溶質の物質量(mol) / 溶液の体積(ℓ)
溶質の物質量 = モル濃度 × 溶液の体積
= 0.100 mol/ℓ × 0.500 ℓ
= 0.0500 mol
物質量(mol) = 質量(g) / モル質量(g/mol)…分子量にg
質量 = モル質量 × 物質量
= 126 × 0.0500
= 6.30 g
――とまあエレガントに出してください
逆にわかんないと思うんですけど……
とにかく6・30gを500mℓの水に入れればいいと
おっとそれじゃコーヒーと同じ間違い！

6・30gに水を加えて500mℓにするんだ
ええいごちゃごちゃうるさい！
正確に化学天秤ではかって
最初少量の水で溶かしましょう
ビーカーとガラス棒についてるやつも洗って入れる
メスフラスコにこぼさないように入れて
標線まで水を入れたら
フタをして振って混ぜる
水溶液500mℓのできあがり
標線
500mℓ

あたしが作ったのか〜 0.100 mol/ℓ シュウ酸水溶液
じゃ それを使って水酸化ナトリウム水溶液の正確な濃度を求めよう
イエッサー！
このビュレットに水酸化ナトリウム水溶液を入れて目盛りをメモして
ホールピペットでコニカルビーカーにシュウ酸標準溶液10 mℓを入れて
そしてフェノールフタレイン指示薬を1〜2滴加える

指示薬って なに?
リトマス試験紙みたいなもんで pH《ピーエイチ》の変化で色が変わる試薬
フェノールフタレインは酸性から中性までは無色でアルカリ性になると赤く変わるから中和点がわかる
少しずつ水酸化ナトリウムを滴下して
へい
軽く振って液をまぜて
そうそう
赤い色が消えにくくなってきた

あっ 赤色が 消えなくなった
はい ここが 中和点だ 目盛りを 読みとって
目盛りの差で 加えた 水酸化ナトリウム 水溶液の 体積がわかるね
18.2mℓ
中和反応は 酸の水素イオンH^+ とアルカリの 水酸化物イオンOH^- が反応して水H_2O ができる反応と いえるので
中和点では H^+とOH^-の物質量 (モル)が同じに なったということ

初めのシュウ酸から出る水素イオンH^+の物質量（モル）は？
え？
分子式は$(COOH)_2$だから シュウ酸１モルから２モルの 水素イオンH^+が出るよ
そういうのを２価の酸 と言うから覚えておいて
あたし友だちで鹿野《しかの》さんっているよ
２価の酸！
えーと…0.100mol/ℓ の水溶液を 10mℓ（0.0100ℓ） 入れるからぁ……
物質量（mol） ＝モル濃度（mol/ℓ） ×体積（ℓ）で……

H⁺が2倍だから
0.00200モル!!
2.00×10⁻³モルって言ってよ
それぞれマイナス3乗モル
さあ水酸化ナトリウムのOH⁻イオンの数もいっしょだよ
NaOH → Na⁺ + OH⁻
水酸化ナトリウム1モルから1モルのOH⁻が出る
そーか

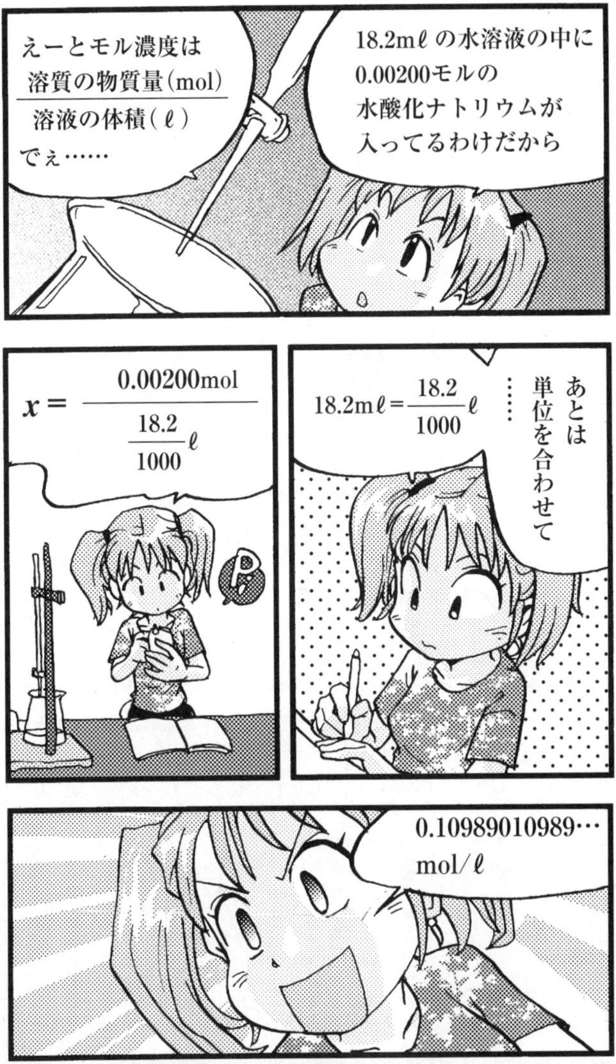
えーとモル濃度は
$\dfrac{\text{溶質の物質量(mol)}}{\text{溶液の体積(ℓ)}}$
でぇ……
18.2mℓの水溶液の中に0.00200モルの水酸化ナトリウムが入ってるわけだから
あとは単位を合わせて……
$18.2\text{mℓ}=\dfrac{18.2}{1000}\text{ℓ}$
$x=\dfrac{0.00200\text{mol}}{\dfrac{18.2}{1000}\text{ℓ}}$
P
0.10989010989…
mol/ℓ

このように酸や塩基の濃度を求める方法を中和滴定というただ答えはそんなに細かく出さない
あらそー
この実験は有効数字3桁で測定してるから3桁で出す
つうことは 0.110 mol/ℓ
はい大正解
花マル!!
うおおおおん!すごいぞあたし!

中和反応 酸と塩基(アルカリ:水に溶けて水酸化物イオンOH^-を出すもの)が反応して互いにその性質を打ち消す反応

(例) $HCl + NaOH \rightarrow NaCl + H_2O$
酸　塩基　塩　水

[本質] 酸の出すH^+と塩基の出すOH^-から水ができる反応

$H^+ + OH^- \rightarrow H_2O$

中和滴定 中和反応を利用して，濃度のわからない酸や塩基の濃度を求める操作

濃度 c (mol/ℓ) の n 価の酸 v (mℓ) と濃度 c′ (mol/ℓ) の n′価の塩基 v′ (mℓ) がちょうど中和するとき

酸のH^+の物質量＝塩基のOH^-の物質量

$$\frac{ncv}{1000} = \frac{n'c'v'}{1000}$$

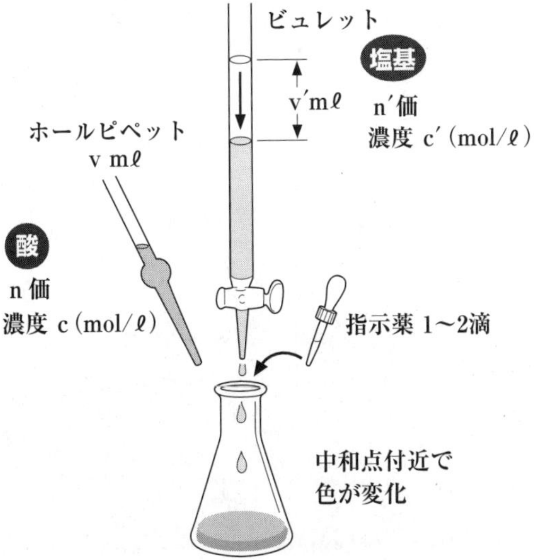
ビュレット
塩基
n′価
濃度 c′ (mol/ℓ)
v′mℓ
ホールピペット
v mℓ
酸
n 価
濃度 c (mol/ℓ)
指示薬 1〜2滴
中和点付近で
色が変化

⑰ 化学が好きになる

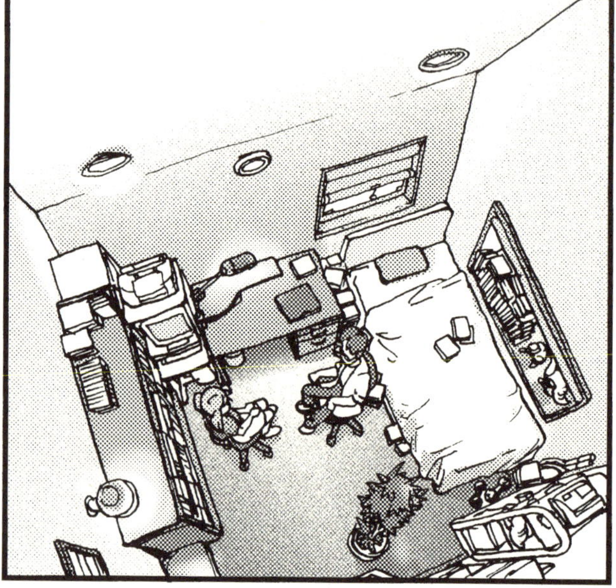

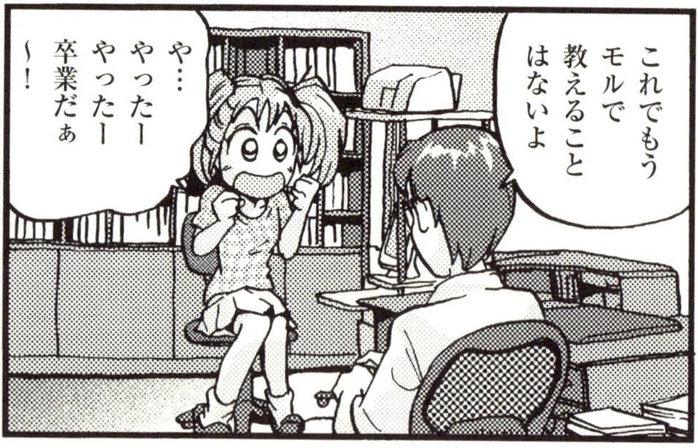
これでもうモルで教えることはないよ
や…やったーやったー卒業だぁ～！

でも
そのわりには
まだスラスラ
問題が
解けましぇん
けど
たくさんの問題を
解いていくしか
ないよ
幸ちゃんは
単位が苦手
みたいだから
最初に
1ℓ
1g
1モル
に直してから
考えると
いいよ
そっかー
モルは基本的には数の単位
だけど目に見えない原子・分子
と実際に使う質量や体積を
結びつける
化学計算には
なくてはなら
ないものさ

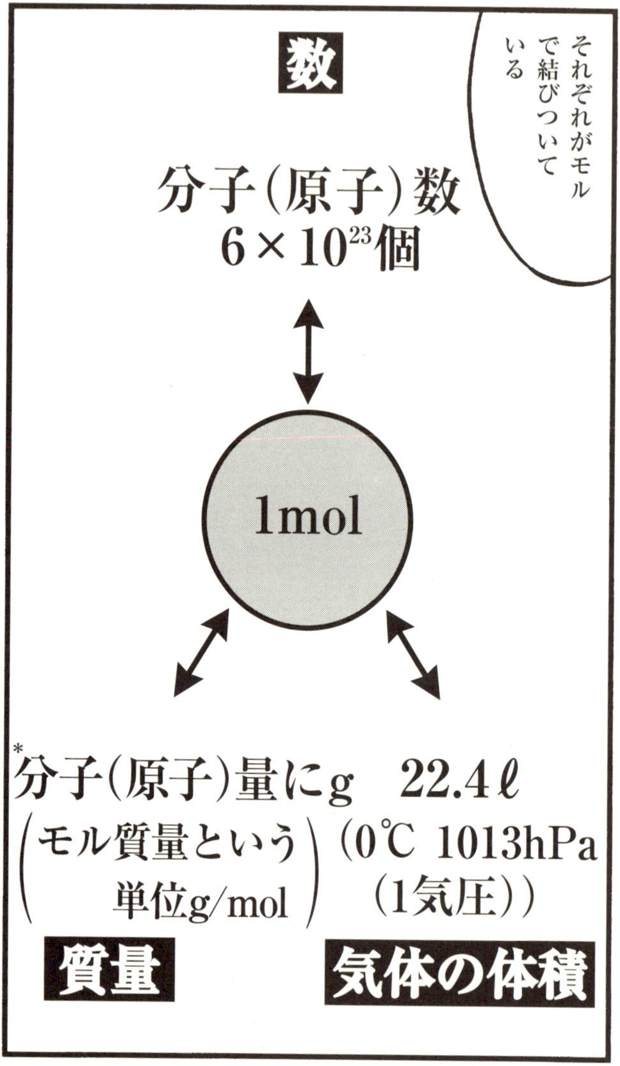
それぞれがモルで結びついている
数
分子(原子)数
6×10^{23}個
1mol
*分子(原子)量にg
(モル質量という 単位g/mol)
質量
22.4ℓ
(0℃ 1013hPa (1気圧))
気体の体積

*組成式で表す物質は式量にg

ああ！ついこの前まではぜんぜんわからなかった図が理解できる！
これで幸ちゃんの化学嫌いが少しでも治ればボクはうれしいよ
え？うれしいの？そんなことが
それはそうだよ
生徒が理解してくれると先生はうれしいよ
生徒……

ただの生徒なの？
いやいや教えてたの？
あ……そんなことはないわけで……
ボクもこの夏はすごく楽しかった……よ
もう先生と生徒じゃなくなる……
そ…そうだね

あ……
いや……
まずい
……
なんで?
きょ…
今日は
まだ歯磨き
してないし
……
む…
虫歯って
うつるん
だよ
き…
菌が繁殖
して……
ばか

今度はあたしが先生になってあげる

や…
やっぱり石鹸《せっけん》で
洗ったほうが……
脂肪酸のナトリウム
塩は水の中で
$RCOO^-$とNa^+に
電離して
界面活性……
もうモルは
いいの！

漫画家のあとがき

科学少年だった昔、理科は一番の得意分野でした。
裏山に始祖鳥の化石を見つけに探検に出かけたり、へんてこなピラミッド形の中に牛乳を入れて、本当にピラミッドパワーで牛乳が腐らないのかどうか実験したり、アリ地獄は何匹のアリを食べるのか、穴にアリを入れ続けてみたりと、元手のかからない遊びをしていました。
残念ながら始祖鳥はみつからず、牛乳はすぐに腐敗してすごい臭いを出し、母親に捨てられて、結果はろくでもなかったのですが、理科は楽しかった。
いつから苦手になったのかな、と考えてみると、〝理科〟が〝物理〟や〝化学〟に変身して、計算問題が増えてからではないかと思うわけです。
特に化学のモルは泣かされましたね。……いや泣くほどやってないんですけど、ホントは。
マンガを描くということは、原作の先生が書いた情報を自分なりに消化して組み直していく作業です。わからないことは描けないので、原作はボロボロになるまで読み返し、自分なりに納得してからコマを割っていかなければいけません。
そんなこんなで、原作をもらってからコマを割るまで五年もかかってしまいました。
ああ、いい言い訳を思いついたなオレ。
毎年国立大学の試験問題を解く遊びを嫁とやっているんですが、今年ふと、初めて化学の問題をやってみたら、あらびっくり、問題の意味がわかるじゃありませんか！「答えがわかる」と言わないところが奥ゆかしい漫画家。

高校生の頃、ノルウェー人の観光客に道を聞かれた時のようにまったくわからなかった化学が、種子島の町役場で道を聞ける、くらいにはわかるわけです。

モルの意味がわかるということは、一つの言語を習得するようなものだったのです。

つまりこのマンガを何度も読み込めば、モルの概念がわかり、化学がもるもるわかってしまうのであります。

ホントだよ。

最後に、マンガを何度も真っ赤に添削して返してくれた原作の高松先生、オリンピックを二回も見られそうなほどの時間を気長に待ってくれ、最後に怒濤のがぶりよりで原稿を持ちかえった編集担当さんに、深くお詫びと感謝の意をささげます。アシスタントの物理系卒、はやのん、細かい道具のチェックありがとう。

そしてオレ、よく頑張ったなあ。えらいぞオレ。うんうん（涙）。

二〇〇一年六月

鈴木みそ

参考文献

『化学の法則45話』北原文雄／竹内敬人　講談社サイエンティフィク　一九八九年
『化学ぎらいをなくす本』米山正信　講談社ブルーバックス　一九八〇年
『花火――火の芸術』小勝郷右　岩波新書　一九八三年
『ノーベル賞で語る20世紀物理学』小山慶太　講談社ブルーバックス　一九八七年
『定理・法則をのこした人びと』平田寛編著　岩波ジュニア新書　一九八一年
『新しい科学史の見方』謝世輝　講談社ブルーバックス　一九七八年
『量子化学入門』大木幸介　講談社ブルーバックス　一九七〇年
『化学のドレミファ1／2』米山正信　黎明書房　一九七五／八一年
『科学の現代史』島尾永康　創元社　一九八六年
『モノづくり解体新書　1の巻』　日刊工業新聞社　一九九二年
『化学小事典』三宅泰雄監修　三省堂　一九七六年
『バセット大学基礎教育　化学Ⅰ／Ⅱ』田中郁三ほか　廣川書店　一九六八年
『山と高原地図「富士・富士五湖」』　昭文社　一九九一年
『増訂　化学実験事典』講談社編　講談社　一九七三年

参考文献

『法則と定数の事典』鈴木皇　岩波ジュニア新書　一九八二年
『入門ビジュアルサイエンス「化学のしくみ」』米山正信　日本実業出版社　一九九三年
『化学の基本6法則』竹内敬人　岩波ジュニア新書　一九八一年
『世界科学者事典2「化学者」』デービッド・アボット編　竹内敬人監訳　原書房　一九八六年
『ポピュラーサイエンス「化学結合と反応のしくみ」』長谷川正　裳華房　一九九五年
『化学の歴史』アイザック・アシモフ著　玉川文一／竹内敬人訳　河出書房新社　一九九七年
『基礎化学選書1「元素と周期律」』井口洋夫　裳華房　一九七八年
『ちくま少年図書館「原子の発見」』田中実　筑摩書房　一九七九年
『化学なんでも相談室Ｐａｒｔ１／２』山崎昶　講談社ブルーバックス　一九八一／八三年
『これが正体　身のまわりの化学物質』上野景平　講談社ブルーバックス　一九九一年
『元素とはなにか』吉沢康和　講談社ブルーバックス　一九七五年
『暮らしの中の化学質問箱』山崎昶　講談社ブルーバックス　一九八五年
『化学の学校』マノロフ／ラザロフ／リーロフ著　早川光雄訳　東京図書　一九八七年
『化学元素のはなし』Ｖ・カレーリン他著　小林茂樹訳　東京図書　一九八七年
『化学に魅せられて』白川英樹　岩波新書　二〇〇一年

テニスボール　229
テルル　69
電子　82,83,84,110
電子殻　84
電子配置　93
展性　123
同定　29
都市ガス　118
ドライアイス　119,185
ドルトン（の原子説）　34,35

＜な行＞

ナトリウム　50,57,92,100,102
２価の酸　251
２原子分子　65
二酸化炭素　119,134,187
2族（元素）　137
ネオン　72,91,93
濃塩酸　59,60
濃度　242,255
濃硫酸　59

＜は行＞

倍数比例の法則　34
花火　21
ハロゲン族　60,65,73
ビュレット　248
標準状態　192
標準溶液　244
ファンデルワールス力　118
フェノールフタレイン（指示薬）　57,248,249
物質　26,30
物質量　155,201,225,243,246
フッ素　65
物体　26
物理　26
プランク定数　88
プルースト　33
分子　37,40
分子結晶　118,119,124
分子量　47,177,193,195,201
ヘリウム　72,90,93
ベリリウム　91,109
ボーアモデル　84
ホールピペット　248

＜ま・や・ら行＞

マグネシウム　21,105
水　41,108,139
密度　182,191,194
未定係数法　145,148
メスシリンダー　185
メタン　117
メンデレーエフ　68
モル　155,201,220,225
モル濃度　243,253
陽イオン　101,110,111,122,134
ヨウ化ナトリウム　65
陽子　82,83
溶質　242
ヨウ素　62,63,65,69
溶媒　145
リチウム　58,91,109
硫酸銅（Ⅱ）　21
ルビジウム　58
励起状態　88

原子核　82,83,84,110
原子番号　72,82
原子量　46,48,173,174,193
元素　30
元素記号　35
混合物　28,30

＜さ行＞

酢酸銅（Ⅱ）　21
酸　133
酸化カルシウム　111
酸化マグネシウム　107
酸化マンガン（Ⅳ）　59,60,146
酸素原子　139
式量　177,238
指示薬　249
質量　33,155,246
質量数　83
質量保存の法則　223,226
臭化銀　64
臭化ナトリウム　65
周期　72
周期（律/表）　67,75,110
シュウ酸　244
シュウ酸ナトリウム　21
臭素　62,65
自由電子　123
17族（元素）　73,94,111
18族（元素）　72,93
16族（元素）　107
純物質　28,30
硝酸ストロンチウム　20,77
硝酸バリウム　21
上方置換　53
食塩　65,103,111,133
触媒　145
親水基　208
水酸化ナトリウム　243
水酸化物イオン　250,255
水素原子　48,89
ステアリン酸　208
ストロンチウム　20
石英　120
石灰石　134
疎水基　208
組成式　105

＜た行＞

第1イオン化エネルギー　109
体積　155,181,191
ダイヤモンド　120
太陽　80
単原子分子　94
炭酸　135
炭酸飲料　134
炭酸ガス　134
炭酸カルシウム　134,135
炭酸ストロンチウム　20
炭酸バリウム　21
炭素　116
炭素原子　48,120
単体　30
単分子膜　209
窒素　231
中性子　82,83
中和滴定　254,255
中和点　250
定比例の法則　33

さくいん

<欧文>

K／L／M／N殻　85

<あ行>

亜硝酸ナトリウム　230
アトム　35
アトモス　35
アボガドロ(の法則)　37,38,39
アボガドロ数　156,201,212
アルカリ　57,255
アルカリ金属　58,73,92,111
アルゴン　72
アルミニウム　21
イオン結合　99,111,112,124
イオン結晶　112,124
位置エネルギー　130
1族（元素）　73,92
陰イオン　101,111
エカアルミニウム　70,71
エカケイ素　70,71
塩（えん）　65,133,138
塩化アンモニウム　230
塩化ナトリウム　65,103,133
塩化物イオン　101,102,106
塩化マグネシウム　106
塩化マンガン（Ⅱ）　62
塩基　255
塩酸　60,133,134
炎色反応　20,78
延性　123
塩素　61,63,65,100
塩素酸カリウム　21

<か行>

過塩素酸カリウム　21
化学　26
化学結合　41,95
化学式　22,31,107,125
化学反応式　125,218,231
核融合　81
化合物　30
過酸化水素　146
価電子　123
下方置換　59,61
カリウム　55,57,92
ガリウム　71
カルシウム　137
感光材料　64
希ガス　72,93
輝線スペクトル　78,82
気体反応の法則　36,226
共有結合　113,115,119,124
共有結合結晶　120,124
金属結合　122,124
金属結晶　124
金属原子　122
クーロン力　102,110
クリプトン　72
係数　142,218,225
ゲーリュサック　36
ゲルマニウム　71
原子　35
原子価　44,69,75,93

N.D.C.431　269p　18cm

ブルーバックス　B-1334

マンガ 化学式《かがくしき》に強《つよ》くなる

さようなら、「モル」アレルギー

2001年 6 月20日　第 1 刷発行
2013年 5 月 7 日　第25刷発行

原作　高松正勝《たかまつまさかつ》
漫画　鈴木《すずき》みそ
発行者　鈴木　哲
発行所　株式会社講談社
〒112-8001 東京都文京区音羽2-12-21
電話　出版部　03-5395-3524
販売部　03-5395-5817
業務部　03-5395-3615
印刷所　（本文印刷）豊国印刷株式会社
（カバー表紙印刷）信毎書籍印刷株式会社
製本所　株式会社国宝社

定価はカバーに表示してあります。

ISBN4−06−257334−2

発刊のことば

科学をあなたのポケットに

二十世紀最大の特色は、それが科学時代であるということです。科学は日に日に進歩を続け、止まるところを知りません。ひと昔前の夢物語もどんどん現実化しており、今やわれわれの生活のすべてが、科学によってゆり動かされているといっても過言ではないでしょう。

そのような背景を考えれば、学者や学生はもちろん、産業人も、セールスマンも、ジャーナリストも、家庭の主婦も、みんなが科学を知らなければ、時代の流れに逆らうことになるでしょう。

ブルーバックス発刊の意義と必然性はそこにあります。このシリーズは、読む人に科学的に物を考える習慣と、科学的に物を見る目を養っていただくことを最大の目標にしています。そのためには、単に原理や法則の解説に終始するのではなくて、政治や経済など、社会科学や人文科学にも関連させて、広い視野から問題を追究していきます。科学はむずかしいという先入観を改める表現と構成、それも類書にないブルーバックスの特色であると信じます。

一九六三年九月

野間省一